现代果蔬花卉深加工与应用丛书

果蔬花卉深加工技术与应用

李树和　梁发辉　主编

GUOSHU HUAHUI SHENJIAGONG
JISHU YU YINGYONG

化学工业出版社
·北京·

内容简介

《果蔬花卉深加工技术与应用》对果蔬花卉产品加工现状及发展趋势、产品的种类及特性、加工技术、深加工方法及种类进行了概述介绍，重点阐述了果蔬花卉产品的膜分离技术与应用、新含气调理加工技术与应用、超微粉加工技术与应用、真空冷冻干燥技术与应用、膨化技术与应用、微胶囊技术与应用、冷杀菌技术与应用，超临界流体萃取技术与应用、超高压技术与应用、微波加热与杀菌技术等内容。本书基于作者团队长期从事深加工技术研究和实际应用的成果编写，同时相关内容充分反映了我国各类深加工技术在果蔬花卉中的应用情况。

本书可供从事果蔬花卉深加工的企业、科研单位的相关人员使用，同时可供轻工、食品、农业等相关专业的高等院校和大中专院校的师生参考。

图书在版编目（CIP）数据

果蔬花卉深加工技术与应用 / 李树和，梁发辉主编.
北京：化学工业出版社，2025. 2. -- （现代果蔬花卉深加工与应用丛书）. -- ISBN 978-7-122-46945-8

Ⅰ. TS255. 3

中国国家版本馆 CIP 数据核字第 2025W6R488 号

责任编辑：张 艳　　　　　　　　文字编辑：林 丹　白华霞
责任校对：宋 夏　　　　　　　　装帧设计：王晓宇

出版发行：化学工业出版社
　　　　　（北京市东城区青年湖南街 13 号　邮政编码 100011）
印　　装：北京建宏印刷有限公司
710mm×1000mm　1/16　印张 12¾　字数 230 千字
2025 年 2 月北京第 1 版第 1 次印刷

购书咨询：010-64518888　　　　售后服务：010-64518899
网　　址：http://www.cip.com.cn

定　　价：88.00 元　　　　　　　　　　版权所有　违者必究

"现代果蔬花卉深加工与应用丛书"
编委会

本书编写人员名单

主　　编：李树和　梁发辉

编写人员（按姓氏笔画排序）：

王曦萍（天津市西青区市容园林服务中心）

李树和（天津农学院）

曹维荣（辽宁职业学院）

梁发辉（天津农学院）

董丽君［津军（天津）科技发展有限公司］

前 言 FOREWORD

近年来，随着我国经济的飞速发展，我国农产品在数量和质量上都有了大幅度的提高，广大人民生活水平有了很大的提高。其中，果蔬花卉产品生产的发展极为突出，果蔬花卉已成为仅次于粮食作物，居种植业中第二位的作物，而且是种植业中效益最高的作物。

尽管目前我国已成为世界上果蔬花卉产品的生产大国，而且在果蔬花卉产品的贮藏加工技术上也有较大的发展和进步，但我国仍是果蔬花卉产品商品化的"小国"。特别是在果蔬花卉产品加工方面，我国还面临着许多问题。例如，我国的果蔬产品收获后多数是直接上市，以鲜食的方式销售，出口也是以原材料的形式进行，从而造成价格低下，在国际市场上竞争力较低；在生产上存在着季节性差异，造成旺季产品腐烂严重，淡季又缺乏供应的现象。我国由于技术设备陈旧落后，专业技术人员匮乏，同时又缺乏适宜于加工的品种，使得加工量不足总产量的10%。即使在加工成的产品中，也存在着品种单调、品质差、包装简陋等现象，缺乏竞争能力，这与我国作为世界第一果蔬花卉产品生产大国的地位极不相称。而欧美发达地区果蔬加工产品琳琅满目，品质高，风味好，形成了巨大的产业。一些跨国商业集团如都乐、大湖等公司已将优良的技术和产品打入了我国市场，争取了主动。为此我国果蔬花卉产品的生产不仅要在质量上加以提高，同时要大力发展加工产业，不仅要在技术上加以研究，而且要在人才培养、设备引进、教育普及等方面加以重视。这样才能使我国果蔬花卉产品的生产达到先进水平，缩短与欧美等发达地区的差距，生产出符合国际市场品质标准的、能够形成批量的"拳头"产品，真正成为世界上的果蔬花卉产品的生产大国。

目前，如何发挥我国果蔬花卉产品的生产优势，增加产品加工的数量和质量，加大深加工的力度，提高产品的附加值，加强出口创汇能力，增强竞争优势，已成为迫切需要解决的问题。本书对我国果蔬花卉产品深加工技术进行了系统、全面总结，相信对相关领域和产业发展将起到关键的推动作用。

《果蔬花卉深加工技术与应用》是"现代果蔬花卉深加工与应用丛书"的一个分册。本书是作者团队长期从事深加工技术的成果总结，内容充分反映了当今各种深加工技术在果蔬花卉中的应用情况。其中第一章由李树和编写；第二章、第三章由梁发辉编写；第四章、第十章、第十一章由董丽君编写；第五章由王曦萍编写；第六章至第九章由曹维荣编写。

本书由李树和进行总体规划和审核，梁发辉、曹维荣负责整书校对和统筹。本书在编写过程中得到了许多同学和老师的帮助，在此一并表示感谢。

由于果蔬花卉深加工综合利用的新技术、新方法发展很快，且编者水平有限，书中难免有不妥之处，敬请读者指正。

李树和

2024 年 10 月于天津农学院

目 录 CONTENTS

03 第三章
果蔬花卉产品的新含气调理加工技术与应用　　/ 033

04 第四章
果蔬花卉产品的超微粉加工技术与应用　　/ 041

05 Chapter 第五章
果蔬花卉产品的真空冷冻干燥技术与应用　　/ 052

06 第六章
果蔬花卉产品的膨化技术与应用　　/ 077

10 第十章
果蔬花卉产品的超高压技术与应用　　/ 165

11 第十一章
果蔬花卉产品的微波加热与杀菌技术　　/ 174

第一章 概述

近十几年来，我国果蔬花卉产业得到了迅猛发展。但是，由于果蔬生产的季节性和地域性很强，极容易因一时滞销而造成积压腐烂。再加上包装保鲜不善造成的储运损耗，造成了农副产品资源的极大浪费。因此，大力开发果蔬深加工，推广深加工技术新成果，既可以缓解一些地方出现的产销矛盾，又可以提高果蔬的附加值，满足人们不同层次的需求。

园艺产业中的果蔬产品不仅美味可口，还含有丰富的营养素，是老少皆宜的食物，因此受到普遍欢迎。园艺产品包括果品、蔬菜和花卉，其中，果蔬是人类食物的重要组成部分，不仅含有人体所需的碳水化合物、维生素、矿物质、蛋白质等，而且还是平衡膳食的重要组成部分，对于丰富人们的食物种类，增加食物的美学价值都有非常重要的意义。

第一节 果蔬花卉产品加工现状及发展趋势

园艺产品加工贮藏就是根据它们自身的特点及耐贮性、抗病性等性质，采取相应的技术，控制贮藏环境的温度、湿度、空气等，调节园艺产品采后的生命活动，尽可能延长产品的寿命，防止产品败坏，同时保持其鲜活性质，延长产品供应期。

园艺产品加工是指通过对果品、蔬菜和花卉的初级产品进行改造、加工，提高它们品质和质量的过程。园艺产品加工业，是指以园艺产品为原料，利用物理、化学、生物等方法，采用相应的加工工艺及设备，杀灭或抑制微生物，进行直接加工和再加工的过程。通过发展园艺产品贮藏与加工业，不仅能够大幅度地提高其产后附加值，增强出口创汇能力，还能够带动相关产业的快速发展，增加就业岗位，大量吸纳农村剩余劳动力，促进地方经济和区域性高效农业的健康发展，对实现农民增收，农业增效，促进农村经济和社会的可持续发展，从根本上缓解"三农"问题，具有十分重要的战略意义。

《农产品加工业"十二五"发展规划》中明确提出，农产品加工业是我国国民经济发展中经济发展的战略性和基础性产业，是保障人民生活有效供给的支柱性产业，可为满足城乡居民的生活需求提供重要保障。农产品加工业以肉蛋奶、粮棉油、果蔬茶和水产品等优势特色农产品为原料进行开发、加工和增值，其涵盖了12个不同的子行业。这些行业都可以看作是传统农业的产业链延伸，在农业经济的发展过程中起到了至关重要的作用，并占有十分重要的地位。

由于农产品原料具有季节性、鲜活易腐性和稳定性差等特点，因而农产品加工业不同于其他工业。对农产品加工业进行分类的方法很多：

按原料的改变程度来分，可以把农产品加工业分为四级。第一级加工活动是洗净、分级；第二级加工活动是压榨、研磨、切割；第三级加工活动是烹煮、消毒、制罐、脱水、冷冻、提炼、调配；第四级加工活动是化学处理、添加营养成分，如速成食品、高营养植物制品、调味品等。这种分类方法有助于理解农产品加工程度的差异，但缺乏相应的统计数据资料，难以进行深入的研究。

按加工对象分，则有多少种农产品就有多少种相应农产品加工业，如大米加工业、面粉加工业、花生加工业、黄豆加工业、芝麻加工业、棉花加工业等，显然这种分类过于细致和分散，不利于把握结构特征。

按国民经济两大部类生产分类，农产品加工业可以分为生产资料加工业和消费资料加工业。由于农产品主要是消费资料，因而农产品加工主要是消费资料的加工，少部分是生产资料的加工，与上一种分类相比，这种分类方法比较笼统，不能了解其中的细节变化。

按广义农业包含的行业分，可以分为农业产品加工业、林业产品加工业、畜牧产品加工业、水产品加工业等；按加工产品的最终用途分，可以分为食品加工业、饮料加工业、皮革加工业、服装加工业、药材加工业、肥料加工业、能源加工业、家具加工业、工艺美术加工业、包装材料加工业、竹木建筑材料加工业等。

国际上通常将农产品加工业划分为五类：食品、饮料和烟草加工业，纺织、服装和皮革加工业，木材和木材产品包括家具加工制造业，纸张和纸张加工、印刷和出版业，橡胶产品加工业。我国在统计上与农产品加工业有关的12个行业是：食品加工业，食品制造业，饮料制造业，烟草加工业，纺织业，服装及其他纤维制品制造业，皮革毛皮羽绒及其制品业，木材加工及竹藤棕草制品业，家具制造业，造纸及纸制品业，印刷业、记录媒介的复制和橡胶制品业。

新鲜的蔬菜经过各种处理和加工技术，最终制成多元化的食品工业产品，称为蔬菜深加工品。新鲜的蔬菜经过深加工后，能够变得经久不坏，从而达到能够长期保存、满足消费者随时取用的目的。新鲜的蔬菜在深加工的过程中，厂家会最大限度地把蔬菜中的营养成分保存下来，大大地提升了蔬菜深加工制品的商业化水平。

一、农产品（园艺产品）加工现状

中国作为一个农业大国，农产品加工业承担着为国民提供安全、健康、营养食品的重任，是保障国计民生和国民经济正常运行的基础产业，每年我国的农产品产量十分可观，农产品消耗量也非常大。但长期以来，受到种种因素的困扰，农产品绝大多数以原产品和初级加工品的形式进行消费和出口，增值比例低，因此，加强农产品深加工研究十分必要。

农产品深加工与"农产品粗加工"相对应。粗加工是农产品的简单加工，而深加工是相对较为复杂的加工，从而取得最大的利益。如将玉米磨成玉米面就是粗加工，而将玉米加工成爆米花就是深加工。随着我国经济水平的提高，人们已经不满足于吃饱的状态，而是越来越注重"美食"的享受，不仅要吃饱还要吃好，不仅注重营养还注重造型，农产品深加工的发展就适应了人们的需求。近年来，越来越多的农产品深加工企业成立，而且农产品深加工的产品类型也越来越多。农产品深加工行业有着良好的发展前景。

近年来随着市场的变动，部分蔬菜出现滞销现象，而蔬菜种植成本提高，所得利润却较少。如何充分发挥我国蔬菜的生产优势，进一步扩大出口创汇能力，开展蔬菜深加工综合利用是关键。

我国的传统蔬菜深加工方法就只有腌制、干制等，随着时代的发展，这些传统的深加工方法已经不能满足消费者的需求和社会的要求，加上人们对于食物中营养成分的要求极高，这就进一步推进了我国蔬菜深加工行业的发展。如今我国的蔬菜深加工技术以"高效、优质、环保"为原则，这也是我国蔬菜深加工行业未来的方向。尽管在近年来我国对蔬菜深加工的技术水平已经取得了阶段性的进步，但由于该产业起步较晚，无论设备还是技术，均处于初级发展阶段，蔬菜加工量极低，存在深加工转化率低下，综合利用程度较差，附加值较低等缺陷，且某些先进的深加工技术还是相对的滞后。

随着我国经济发展进入新常态，农产品的加工也出现一些新的趋势，概括如下：

1. 农产品收入增长由高速向中高速转变，发展趋势总体符合规律和宏观形势

在宏观经济大的调整结构下，我国的农产品加工业增长速度稍微有所下降，下降幅度较为合理，且总体上与国民经济及大工业的发展依然呈现正相关的关系。中国已进入工业化中期阶段，城镇化率达到 54.77%，对农产品加工品需求十分旺盛，但加工业产值与农业产值比、农产品加工转化率特别是精深加工转化率，与发达国家相比较均还存在着成倍的差距。这表明中国农产品加工业还有很大的发展潜力和空间，如果结构优化等措施得力，经过一段的转折和调整期，不仅保持高中速增长没有悬念，甚至再次进入高速发展期也不无可能。

2. 中西部发展速度加快，空间格局展现新趋势

近年来，我国农产品加工业在空间布局上在保持大城市郊区较高集中度的同时，呈现出了几个日益明显的新趋势。一是向农产品主产区聚集；二是向特色产品加工区聚集；三是向加工业园区聚集。

伴随着农产品加工业逐步向优势特色农产品区域集中，在交通条件大幅度改善、原材料资源丰富和用工成本偏低等利好因素影响下，中西部地区的后发优势正在显现。近 10 年来，中西部地区加工业主营业务收入占全国的比重逐年提高，年增长速度也明显高于东部地区。

3. 经营理念得以转型，一体化模式优势明显

目前，越来越多的农产品加工企业在注重外延扩张的同时，更加重视企业内涵特别是创新能力建设，原来"重眼前、轻长远，重收益、轻投入"的思想理念日益得到矫正，这使得越来越多的农产品加工企业走上了精深型、绿色型、规模型的发展道路。另外，农产品生产基地的建设、科研开发、生产加工、营销服务一体化经营模式，代替了原来零散化、单一化的经营模式，吸引了越来越多的企业争相效仿。

4. 新兴产业和传统行业共同发展，挖掘新的增长点潜力巨大

食品行业一直是农产品加工业的主体。消费者对饮食的要求越来越向营养、安全、方便、快捷方向转变，带动农产品加工行业不断出现新的增长点，进而形成新的骨干产业。与此同时，近年来，一些与民生密切相关的农产品加工子行业仍保持了较高的增长速度。

5. 经济社会地位进一步提升，稳增长惠民生等作用进一步凸显

在发达国家和地区，农产品加工业在其国民经济和社会发展中占据着十分重要的地位。而在中国主要表现在以下几方面：在国民经济和财政增长中的基础地位不断稳固；满足人们不断增长的消费需求、保障基本供给的作用不断增强；带动第一产业发展、促进现代农业建设的作用不断增强；减轻政策性收储压力、理顺市场关系的作用不断增强；吸纳劳动力特别是农民就业增收的作用不断增强等。

6. 外资进入步伐加快，压力加大，保护发展民族加工企业任务艰巨

外资进入在推动相关行业快速发展壮大的同时，也对民族农产品加工企业造成了巨大的冲击和压力。作为一个开放的经济体，外资进入是一个正常现象，因而像农产品加工这样涉及国计民生的产业，也不可避免地受到外资进入的影响。虽然如此，我们还是应该按照国际规则进一步制定外资进入的鼓励和限制目录，加强动态跟踪监测，并大力推动民族企业更加奋发有为、做大做强，防止外资企业形成垄断和一家独大，影响甚至危及国家农产品加工产业安全与食物安全。

对农产品进行初级加工及再加工，以满足市场和消费者的需求，就是农产品深加工的基本内涵，这一过程涉及人们的衣食住行、动物饲料、医药保健、化工原料、再生资源及其他生活和生产，尤其是近年来安全、优质、营养、卫生的园艺深加工产品受到了人们广泛的关注。从以上几个方面来看，在新常态下，我国农产品加工产业具有较好的发展前景。然而，由于各种因素的限制，我国的农产品深加工技术并不成熟，与其他国家相比还有较大的差距。

二、农产品（园艺产品）加工研究概况

中国农产品加工业历史源远流长，早在战国、西周、西汉的文献资料中，对粮食制饴、葡萄酿酒、煎蔗为糖、大豆制豆腐与酱油等食品技术就有记载，但农产品加工长期附属于农业，直到鸦片战争之后，伴随着民族工业的发展，一些农产品加工业逐步从母体产业农业中分化出来成为独立的产业，新中国成立之后，农产品加工业才有了长足发展并形成了农产品加工业体系。以改革开放为节点，可以简单地将我国农产品加工业划分为两阶段。新中国成立以后至改革开放时期，我国实行了重工业优先发展的国民经济发展战略，国家对农产品实行统购统销政策，农产品供给长期处于短缺状态，城乡居民收入增长缓慢，农产品加工业发展受到农产品供给不足和有效需求不足的双重限制，导致农产品加工业发展滞缓。改革开放以后，农产品加工业持续快速发展，总量不断提高，在农产品加工业结构中，食品工业比重上升，而纺织、服装及皮革工业比重有所下降，产业生产布局趋于合理，区域特色初步显现。农产品加工业的发展促进了农民收入的增加，实现了结构增值效应，农产品加工业中产业化经营方式正在形成，产业组织程度也不断提高。

三、发展农产品（园艺产品）加工应采取的措施

1. 我国农产品加工业存在的不足

与发达国家相比，我国的农产品加工业尚存在一些不足，具体表现在以下几个方面：

（1）加工形式比较粗放，加工模式处于"小、散、低"的初级状态 我国现阶段农产品加工业还基本上是劳动密集型、分散的小实体的集合，农产品加工企业的技术装备水平80%处于20世纪70～80年代的世界平均水平，15%左右处于20世纪90年代的世界平均水平，只有5%左右达到世界先进水平，这直接导

致产品质量不高，国际竞争力不足。

（2）技术创新能力低，技术储备明显不足　我国农产品加工整体上处于初加工多、水平低、规模小、综合利用率差、能耗高的初级阶段，其主要原因是技术及装备水平低。我国科技工作的重点在产中领域，80％以上的科研经费和科研力量投入在产中，对产后领域的科研工作一直比较忽视，造成农产品加工领域技术创新能力较低，技术设备，特别是基础性的技术储备明显不足，发展只能依赖硬件进口。技术创新能力低下，特别是拥有自主知识产权的技术缺乏，是我国农产品加工业落后于发达国家的根本原因。与发达国家相比，目前我国农产品加工领域的科技成果数量较少，而且初级加工成果比重大，深加工的科技成果明显不足，特别是能够进行产业化的高新技术成果非常缺乏，且科技成果转化率低，而发达国家科研成果转化率一般为60％～80％。

（3）产、供、销没有形成"链"　目前农产品产、供、销基本上各自为政，相互脱节，没有形成良性运转的产业链。农产品过剩时，企业压低原料价格，农民增产不增收；原材料紧缺时，企业甚至因材料短缺而关闭部分生产线。

（4）部分农产品加工业的加工人员缺少专业素质　农产品加工业是一个需要严格要求的行业，因此，要求农产品加工业的加工人员需具备一定的专业技能和专业素养。现在我国许多农产品加工企业的加工人员都缺少专业的素养，农产品加工业需要加工人员考取相关证件，但是，现在鲜少有加工人员具备这个条件，设立在乡间或者农村等环境不达标地区的加工企业有很多，在这些加工企业中的加工人员只有一小部分有专业知识和专业技术，大学本科生学习加工技术专业的更是少之又少。农产品加工业中人才匮乏成为制约其发展的又一因素。

（5）部分农产品深加工企业中可能隐藏着产品安全问题　俗话说"食品安全大于天"，可见食品安全的重要性。当前，产品安全就是农产品深加工企业的头等大事，但是由于部分企业卫生意识可能较差，加上原料大都是直接从农村购买的农产品，没有进行相关的检查，这就可能使农产品深加工企业中存在产品安全问题。

2. 今后应该采取的措施

针对上述存在的问题，我们建议从以下几个方面入手进行改善：

（1）加强政策引导　尽管近年来国家推行的一系列强农惠农政策已经发挥了重要作用，但当下的农产品加工业所需要的，是进一步具体的改革和扶持政策，要大力发展农产品深加工，必然要求政府对农业的产业结构、优先领域进行战略性调整，特别是要对农业科技的内部结构、学科设置、设施与平台建设、人才培养与团队建设等进行战略性、结构性的调整。

（2）完善扶持体系　应以财政补贴补助为导向，推进建立农产品深加工政策扶持体系，以税收减免为杠杆，以金融支持为主体，利用财政资金撬动引导金融和社会资本等支持农产品深加工企业发展，有计划地将重点从农业产中部分转向产后的加工、保鲜、物流等部分。同时，推进建立农产品加工业人才支撑体系，以经营管理和科技创新人才为重点，以技能型人才为基础，为农民增收、农产品增值提供人力资源。

（3）增加科技含量　农产品深加工的科技研发亟须得到重视，应建立相关研发机构，以科技来引领食品工业的发展，从基础研究和应用研究两方面入手，改进加工设备，突破关键技术。鼓励相关高等院校、科研院所与农产品深加工企业联合，促进关键技术尽快得到应用并创造经济价值。鼓励有条件的企业建立自己的研发中心，开发新产品。

四、果蔬花卉产品深加工的发展历程及趋势

我国是世界上历史最悠久的文明古国之一，对农产品加工的历史也是源远流长的。我国许多历史典籍中，对农产品加工技术都有过记载，其中很多传统加工工艺至今还在发挥着作用。

原始社会末期，我国就有用麦芽、谷芽制糖及酿醋、酿酒等粮食加工技术。早在西周时期，酿酒业就已发展成为独立的具有一定规模的手工业行业。《古遗六法》记述的酿酒过程，是世界上最早的酿酒操作规程；《齐民要术》详细记载了制酒曲和酿酒的方法、原理；《本草纲目》记载酒的种类有70多种；等等。

中华民族的祖先在漫长的历史岁月中，在与大自然长期斗争的过程中，逐渐懂得用火烤制熟肉，用盐调味。进入文明时代，随着畜禽饲养的日益普及，肉乳蛋制品的加工技术也在不断进步。汉文帝时，已能做"奶子酒"。西周时期的《周礼》记载了腊肉制品、肉脯、肉干。《周易》记载了肉糜、发酵肉制品，同时还记载了要注意食物味性和时令的结合，要重视原料的选用和冷藏等加工要领。我国古代人民使用天然冰雪来进行食品保鲜的历史非常悠久，《周礼》中就有相关记载，以后逐渐发展为鱼类的保鲜方法。人类采用晒干、风干、熏烤以及食盐腌制水产品可以追溯到旧石器时代和青铜时代。我国2000多年前的《庄子·杂篇·外物》和《孔子家语》有"枯鱼之肆"和"鲍鱼之肆"的记载，这说明干鱼和咸鱼在2000多年前就已成为商品了。宋代也有记载咸鱼、干鱼和各种海味品多达60余种，表现了我国古代传统加工技术不断发展的状况。腌制、干制、熏制等加工方法一直是最主要的水产品加工方式，直到近代冷冻、罐头等加工生产得到迅速发展才被部分取代。

北魏时期，贾思勰的《齐民要术》，就对当时的农产品加工技术进行了全面系统的介绍，论及了粮食作物、蔬菜、果品、畜禽、水产品的加工技术和烹饪工艺，这对以后的农产品加工技术有重要的启迪作用。

我们的祖先很早就认识到了蜂产品的用途，并逐渐开始饲养蜜蜂获取蜂产品。《楚辞·招魂》中有"瑶浆蜜勺"的词句，蜜勺是一种用未经酿制的蜜调和的饮料；三国时，已利用蜂蜜制作蜜浆清凉剂和蜜饯梅；南北朝时期，蜂蜜已广泛用于制作糕点和蜜饯。当时，花粉也已用于化妆品。

在过去漫长的2000多年中，农产品加工并未从农业中分离出来形成独立的产业。直到鸦片战争之后的近代，伴随着民族工业的产生和发展，一些农产品的生产加工才逐渐从农业中分离出来。事实上，直到1949年中华人民共和国成立以前，我国农产品加工都尚未形成完整的产业体系，即便是农产品加工业中发展较好的食品工业，除少数大城市建有碾米、磨面、榨油等工厂，个别城市设有卷烟、啤酒厂以外，其余行业多是小型工厂，绝大多数为手工作坊。新中国成立以后，农产品加工业才真正得到发展。但是长期以来，由于实行重工业优先发展的国民经济发展战略，农业及包括农产品加工业在内的轻工业在一定程度上受到抑制，发展速度相对缓慢。况且农业发展的重点是解决农产品量的短缺问题，就加工业来讲，发展速度不快，技术水平不高，除纺织、造纸、烟草及少量食品、粮食加工建成了较为庞大的工业系统外，其他基本上是传统的、作坊式的小型加工，大量农产品则由农民在产地进行粗加工。

改革开放以来，我国农产品加工的发展是伴随着农业的发展而发展的。几十年来，我国农业大体上经历了两个发展阶段。第一阶段，是以追求数量增长为主要目标的温饱型农业阶段，花了近20年的时间，农产品加工的目的是帮助解决温饱问题，因此只是停留在初级加工的水平。第二阶段，大体上从20世纪90年代中后期开始，国家粮食安全和食物安全有了保障，农业开始进入数量与质量并重阶段，以优化布局和提高品质为重点，追求农产品的优质、高产、高效、安全。此阶段，通过发挥农产品的核心带动作用，转变农业增长方式，拓宽农业产业功能，延长农业产业链条，提升农业产业层次，丰富农业产业内涵和外延，促进现代化农业建设。这一阶段是传统农业向产前、产中、产后等产业部门不断演进的阶段，是传统农业经营方式向产加销、贸工农一体化经营不断演进的阶段，同时，也是农产品加工快速发展的黄金阶段。

现代的农产品加工依据农产品加工程度可分为初级加工和深加工，这些加工技术更趋于产业化、精深化和高效化，与传统的加工方式相比有很大的提升。

第二节　果蔬花卉产品的分类及特性

全世界的植物有40多万种，其中高等植物有30多万种，归属300多个科，绝大多数的科中含有园艺植物。这里只介绍一些较重要的科及其所含的较重要的园艺植物。

一、果蔬花卉产品的分类

1. 植物学分类

果蔬花卉产品主要包括果树产品、蔬菜产品和花卉产品，各类产品的种类繁多、分类方法复杂，反映在分类学上有多种多样的分类方法。为便于果蔬花卉产品深加工技术的总结，现对三类产品按照植物学分类统一进行阐述。

（1）十字花科（Cruciferae）　十字花科的园艺作物主要是蔬菜作物，包括萝卜、芜菁、结球甘蓝（圆白菜、卷心菜）、花椰菜（菜花）、大白菜、芥菜（雪里蕻、榨菜、大头菜）、油菜、瓢儿菜、荠菜、辣根和罗汉菜等。观赏植物主要有紫罗兰、羽衣甘蓝、香雪球、桂竹香和二月兰等。

（2）蔷薇科（Rosaceae）　蔷薇科主要以果树作物为主，包括苹果、梨、李、桃、杏、山楂、樱桃、草莓、枇杷和木瓜等。蔷薇科中的观赏植物主要有月季花、西府海棠、贴梗海棠、日本樱花、珍珠梅、榆叶梅、玫瑰、棣棠花、木香花和多花蔷薇等。

（3）豆科（Leguminosae）　豆科主要以蔬菜作物为主，包括菜豆、豇豆、大豆、绿豆、蚕豆、豌豆、豆薯和苜蓿菜等。另外观赏植物中的紫荆、合欢、香豌豆、含羞草、龙芽花、白三叶、国槐和龙爪槐等也是豆科植物。

（4）菊科（Compositae）　菊科是世界上最大的一科，包括的蔬菜作物有茼蒿、莴苣（莴笋）、菊芋（洋姜）、牛蒡、朝鲜蓟（菜蓟）、苣荬菜、婆罗门参、甜菊、茵陈蒿和菊花脑等。作为观赏植物的有菊花、万寿菊、雏菊、翠菊、瓜叶菊、大丽花、百叶草、熊耳草、紫菀、观赏向日葵和孔雀草等。

（5）茄科（Solanaceae）　茄科的园艺作物较少，蔬菜作物有番茄、辣椒、茄子和马铃薯等。观赏植物有碧冬茄、叶丁香、朝天椒、珊瑚樱和珊瑚豆等。

（6）葫芦科（Cucurbitaceae）　葫芦科是园艺作物较重要的一科，蔬菜作物有黄瓜、南瓜、西葫芦、冬瓜、苦瓜、丝瓜、佛手瓜和蛇瓜（蛇豆）等。瓜类作物有西瓜和甜瓜。观赏植物有瓜蒌、葫芦和金瓜等。

（7）芸香科（Rutaceae）　果树作物有柑橘、柠檬、柚和黄皮等。观赏植物有金橘、香橼、佛手、久里香和白鲜等。

（8）百合科（Liliaceae）　蔬菜作物有石刁柏、金针菜（黄花菜）、韭菜、洋葱、葱、大蒜、卷丹和百合等。观赏植物有文竹、萱草、玉簪、风信子、郁金香、万年青、朱蕉、百合、虎尾兰、丝兰、吉祥草、吊兰和芦荟等。

（9）唇形科（Labiatae）　蔬菜作物有紫苏、银苗、草石蚕（甘露子）和菜用鼠尾草等。观赏植物有一串红、朱唇、五彩苏（彩叶草）、洋薄荷、留兰香、一串蓝、罗勒、岩青蓝和百里香等。

（10）禾本科（Gramineae）　蔬菜作物有茭白（菰）、笋竹和笋玉米等。观赏植物（包括草坪草）有观赏竹类、早熟禾、梯牧草、狗尾草、紫羊茅、小康草（巨序剪股颖）、结缕草、黑麦草、野牛草和芦苇等。

（11）伞形科（Umbelliferae） 蔬菜作物有胡萝卜、茴香、芹菜、芫荽和莳萝等。观赏植物有刺芹等。

（12）旋花科（Convolvulaceae） 蔬菜作物有空心菜和甘薯等。观赏植物有茑萝、大花牵牛、缠枝牡丹、月光花和田旋花等。

（13）天南星科（Araceae） 蔬菜作物有芋头（芋）和魔芋等。观赏植物有龟背竹、广东万年青、马蹄莲、天南星和独角莲等。

（14）棕榈科（Palmaceae） 果树作物有椰子和海藻等。观赏植物有棕榈、蒲葵、棕竹和凤尾棕等。

（15）藜科（Chenopodiaceae） 蔬菜作物有菠菜、地肤（扫帚菜）、甜菜和碱蓬等。观赏植物有地肤和红头菜等。

（16）苋科（Amaranthaceae） 蔬菜作物有苋菜和千穗谷等。观赏植物有鸡冠花、青葙、千日红和锦绣苋等。

（17）睡莲科（Nymphaeaceae） 蔬菜作物有莲藕、莼菜和芡实（鸡头米）等。观赏植物有荷花（莲藕）、睡莲和芡实等。

（18）漆树科（Anacardiaceae） 果树作物有芒果、腰果和阿月浑子等。观赏植物有火炬树、黄栌和黄连木等。

（19）无患子科（Sapindaceae） 果树作物有荔枝和龙眼等。观赏植物有文冠果和风船葛等。

（20）锦葵科（Malvaceae） 蔬菜作物有秋葵和冬寒菜等。观赏植物有锦葵、蜀葵、木槿和朱槿（扶桑）等。

2. 其他分类

（1）蔬菜的其他分类法 如按照食用器官的不同可分为：根菜类、茎菜类、叶菜类、花菜类、果菜类和种子类六大类。按农业生物学分类方法，可分为：根菜类、白菜类、绿叶蔬菜、葱蒜类、茄果类、瓜类、豆类、薯芋类、水生蔬菜、多年生蔬菜、食用菌类。

（2）果树的其他分类 按照叶的生长习性进行简要分类：

① 落叶果树。可分为仁果类果树、核果类果树、坚果类果树、浆果类果树、柿枣类果树等。

② 常绿果树。可分为柑果类果树、浆果类果树、荔枝类果树、核果类果树、坚果类果树、荚果类果树、聚复果类果树、草本类果树、藤本（蔓生）类果树等。

（3）花卉的其他分类 可分为一二年生花卉、二年生花卉、多年生花卉等。也可以分为宿根花卉、球根花卉、兰科花卉、水生花卉等。

二、果蔬花卉产品适合深加工的特性

农产品与工业品相比，有很大的不同。工业产品大多经过加工、包装等工序，产品的保质期长；而农产品大多是鲜活状态，在贮藏、加工、运输过程中都会发生活性的变化，这使得农产品的保质期大大缩短，所以农产品在采后发生一定的损耗具有必然性。

农产品属于鲜活产品，产品自身的组织保护能力差，很容易受到机械损伤、微生物感染等影响，因此保鲜技术的应用在一定程度上能够延缓农产品机体组织发生腐蚀，从而延长农产品的寿命。

虽然传统的保鲜方式操作比较简单、费用比较低，但是在贮藏过程中，周围环境中的空气成分难以恰当地把握，只能够凭借以往的经验。农产品在采摘后还会进行正常的生理活动，在有氧和无氧条件下都能够进行呼吸作用，而在无氧条件下释放同等的热能消耗的有机物将会是有氧条件下的6倍，有机物的大量消耗将会导致农产品组织的变质和腐坏，进而加大农产品的损耗。

此外，农产品经过多层次的加工后，原料的理化性质会发生较大变化，而且营养成分被分割成细小成分，同时结合不同配比的其他物料搭配，更易于人体的消化吸收。

第三节　果蔬花卉的加工技术

一、果蔬花卉的一般加工技术

新鲜的果蔬花卉具有表面积大、含水量高、组织脆嫩等特点，采摘后仍具有较强的呼吸作用，水分蒸发快，极易受机械损伤，在贮运和销售过程中常发生腐烂败坏等现象，损耗十分严重，货架期短。如何贮藏保鲜新鲜果蔬及花卉，延长其货架期已成为国内外果蔬方面的学者研究的热点。目前，主要保鲜方法有低温贮藏保鲜技术、气调保鲜包装技术、冷杀菌技术、保鲜剂贮藏保鲜技术等。

1. 低温贮藏保鲜技术

低温贮藏保鲜技术是以控制温度条件为主来抑制蔬菜生理生化活性的一种贮藏方法。低温可以降低蔬菜的各种生理生化反应速率，抑制蔬菜的呼吸代谢和酶的活性，延缓微生物的生理代谢，延缓成熟衰老，抑制褐变，延长货架期。目前，低温贮藏是保鲜叶类蔬菜较为有效的方法之一，不受自然条件的限制。Philosoph-Hadas等对小白菜的研究表明，1℃低温能够明显降低其呼吸作用，抑制小白菜呼吸高峰的出现，抑制营养物质的损失。刘敏等对不同温度下的苋菜进行实验研究，结果表明2℃贮藏可以有效抑制苋菜的呼吸速率，抑制营养物质的丢失，保持良好的感官品质，可以延长货架期至 14d。

2. 气调保鲜包装技术

气调保鲜包装技术（MAP）是在 20 世纪 50 年代发展起来的一种保鲜技术，是将产品放在一个相对密闭的环境中，通过调节贮藏环境中的 O_2、CO_2、N_2 等气体的比例来抑制果蔬呼吸作用，从而延缓衰老和变质的过程。它主要包括两种类型：一是可控制气调贮藏，也称人工气调贮藏（controlled atmosphere storage），简称 CA-贮藏，是人为动态调节贮藏环境中气体成分，并使其含量控制在较小的变动范围之内，进而达到果蔬保鲜目的的贮藏方法；二是限气贮藏，也称自发气调（Modified atmosphere storage），简称 MA-贮藏，是通过果蔬呼吸作用，自发调节贮藏环境中气体成分的一种贮藏方法。刘敏等研究发现初始低 O_2浓度（0～10%）和高 CO_2 浓度（5%～10%）的 MAP 贮藏菠菜具有较好的品质，而初始高 O_2 浓度组的 MAP 保鲜效果较差。Xuewu Duan 等研究表明 NO对多酚氧化酶（PPO）、过氧化物酶（POD）活性具有显著的抑制作用，能够增强果蔬的保鲜效果，延长果蔬货架期。

3. 冷杀菌技术

冷杀菌技术也称为非热杀菌技术，它与通常的加热杀菌技术相比，在杀菌过程中食品温度不升高或温升很小，这样可以避免高温对食品营养、风味、质地、色泽的不良影响，特别是对于热敏性较强的果品、蔬菜制品的杀菌有非常重要的意义。冷杀菌技术主要包括超高压杀菌、辐照杀菌、高压电场杀菌、超声波杀菌、臭氧杀菌等，在食品加工中有广阔的应用前景。

（1）辐照贮藏保鲜技术　辐照贮藏保鲜技术利用 γ 射线、X 射线以及电子束等电离辐照射线与物质作用产生的物理、化学和生物效应，达到杀虫灭菌、防止霉变、提高食品卫生质量、保持营养品质与风味及延长贮藏期和货架期的目的。另外，通过对果蔬使用一定剂量的辐照后，果蔬的新陈代谢和呼吸作用受到抑制，成熟受到推迟，从而贮藏周期和货架期得到延长。陈召亮等通过不同剂量（400Gy、1000Gy 和 2000Gy）电子束处理西洋芹，结果表明，1000Gy 和 2000Gy 均能较好地控制各种微生物的生长，均能显著降低呼吸作用，明显抑制多酚氧化酶的活性，延长总糖含量的增加，对维生素 C 及可溶性固形物无破坏作用。

（2）高压电场处理技术　高压电场处理技术是新出现的一项高效食品保鲜技术。它具有对食品体系瞬间起作用、处理时间短、可持续处理且对介质热作用小等优点。它利用电场脉冲的介电阻断原理对微生物产生抑制作用，使温度不超过50℃，电容放电时间仅有几微秒，可避免加热引起的蛋白质变性和维生素破坏。高压脉冲的强冲击波能穿透细胞使其破裂，使内容物释放，可以提高果汁得率，有利于提取色素等，还可提高鲜度，延长保存时间。李新建等对不同电场处理条件下对绿豆芽的保鲜效果的研究结果表明，在电场强度 150kV/m 下处理 20min

能较好地抑制绿豆芽褐变，同时可抑制微生物的生长，能较好地保持豆芽的品质。

（3）超声波杀菌技术 超声波杀菌技术通过低频高能量的空化效应在液体中产生瞬间高温和高压，使液体中某些细菌死亡，病毒失活，甚至使一些较小的微生物的细胞壁破坏，从而延长蔬菜的保鲜期。超声波是一种辅助的消毒手段，用于工业品清洗方面早有报道，但在蔬菜保鲜方面的应用研究还比较少。赵跃萍等在 30℃下用 50W 功率超声波分别清洗芹菜，实验表明超声波处理 10 min 的芹菜除菌率高，无机械损伤，对维生素 C 无明显破坏作用，感官品质优良，有利于其保鲜。

（4）臭氧杀菌技术 臭氧杀菌技术是利用臭氧进行杀菌的技术，臭氧是一种消毒剂、杀菌剂和强氧化剂，不仅可杀灭果蔬上的微生物，去除农药残留，还能有效地抑制果蔬有机物的水解，延长果蔬的贮藏期。臭氧杀菌是一种理想的冷杀菌技术，具有杀死病原菌范围广、速度快、效率高、无残留等特点。张立奎等研究表明，用臭氧水处理生菜，能够保证微生物学安全性，能够抑制 PPO 活性，减少维生素 C 及其他营养物质的损失，降低失重率，从而可提高生菜的品质。

二、果蔬花卉的保鲜剂

保鲜剂主要分为化学合成保鲜剂和天然保鲜剂两种。贮藏前，用保鲜剂涂膜果蔬，在表面上形成一层保护膜，以杀死或抑制细菌，通过调节蔬菜的生理代谢，延长其保鲜期。如西兰花、桃、彩椒、番茄、红富士、甜瓜、马铃薯等运用改进型双重释放化学保鲜剂和天然保鲜剂效果较好。目前运用的有机保鲜剂主要有仲丁胺、多菌灵、苯菌灵、甲基托布津等，但这些保鲜剂存在一定的局限性，而且存在残毒问题。为了适应日益严格的食品安全的要求，现已生产出一些安全无毒的保鲜剂，如苦豆子总生物碱、单硬脂酸甘油酯为主要配方的保鲜剂，能有效控制蔬菜的品质，延长其货架期。在天然保鲜剂方面，可运用香料植物和草药植物的提取物作为蔬菜保鲜剂，此外还有国外研究应用的森柏、雪鲜等保鲜剂。Martin-Diana 等利用不同浓度的去蛋白乳清作为天然的消毒剂处理生菜，实验结果表明，浓度 3％的去蛋白乳清比有效氯含量为 120mg/L 的溶液抑制微生物的效果更好。

第四节 果蔬花卉产品深加工方法及种类

一、果蔬花卉产品加工新趋势

调查显示，目前具有发展前景的果蔬花卉制品有：冻干果蔬，蔬菜汁、发酵蔬菜饮料、乳酸发酵菜汁饮料，净菜，蔬菜膨化食品，果蔬花卉粉，蔬菜花卉脆片，具有特殊功能的花色蔬菜制品（如美容蔬菜、蔬菜面条、蔬菜面包、蔬菜豆腐等），干花等。近年来果蔬花卉的加工呈现出以下几种新趋势。

1. 果蔬花卉成分提取品加工成功能食品

随着研究的深入，许多果蔬花卉都被发现含有生理活性物质。研究人员正通过各种方法从果蔬花卉中分离、提取、浓缩这些功能成分，再将其添加到各种食品中或加工成功能食品。

传统加工食品因经过剧烈的热加工，失去了原料的新鲜，营养成分也被破坏，产品的风味发生变化，已逐渐被消费者冷落。因此，在食品工业中便出现了最少量加工（简称 MP）。果蔬花卉的 MP 加工与传统的果蔬花卉加工技术（如罐装、速冻、干制、腌制等）不同，加工方式介于果蔬贮藏花卉与加工之间，不会对果蔬花卉产品进行剧烈的热加工处理。

2. 果蔬花卉粉的加工

一般新鲜果蔬花卉水分含量较高，为 90％以上，容易腐烂，贮藏运输都不方便。但是将新鲜果蔬花卉加工成果蔬花卉粉，其水分含量低于 6％，不仅能充分地利用原料，而且干燥脱水后的产品容易贮藏，大大降低了贮藏、运输、包装等方面的费用。果蔬花卉粉能应用到食品加工的各个领域，有助于提高产品的营养成分、改善产品的色泽和风味以及丰富产品的品种等。

3. 果蔬花卉脆片的加工

果蔬花卉脆片是以新鲜、优质的纯天然果蔬为原料，以食用植物油作为热的媒介，在低温真空条件下加热，使之脱水而成的；其母体技术是真空干燥技术。作为一种新型果蔬花卉风味食品，由于保持了原果蔬花卉的色香味，且具有松脆的口感，低热量、高纤维，富含维生素和多种矿物质，不含防腐剂，携带方便，保存期长等特点，在欧美日等国家十分受欢迎，其前景广阔。

4. 国际果蔬花卉加工无废弃开发

在果蔬花卉加工过程中，往往有大量废弃物产生，如风落果、不合格果以及大量的果皮、果核、种子、叶、茎、花、根等下脚料，其实也蕴含了宝贵的财富。如将芦笋烘干后研磨成细粉，作为食品填充剂加在饼干中，可增加酥脆性和营养性，加在奶糖中则可增加风味及营养；将胡萝卜渣加工后制成橙红色的蔬菜纸，可用于食品包装，也可直接食用。而且无废弃开发，已成为国际果蔬花卉加工业新的热点，研究下脚料的深加工技术也应是今后我国食品加工行业的一大课题。

二、果蔬花卉产品深加工技术

1. 膜分离技术（membrane separation technology，MST）

膜分离技术就是将被分离溶液或者流体混合物，透过某一合适的多孔膜，同时在一定的压力和室温条件下，分离出透过膜的较低分子产物和高压侧的截留浓缩物两部分，简单来说就是利用基于尺寸的物理方法实现待分离体系中目标分子的分离纯化。

2. 超微粉碎（ultrafine powders）

超微粉碎是指利用机械或流体动力的方法克服固体内部凝聚力使之破碎，以将 3mm 以上的物料颗粒粉碎成 $10\sim25\mu m$ 以下的微细颗粒，从而使产品具有界面活性，呈现出特殊功能的过程。超微粉碎技术在食品、中药及化妆品领域应用十分广泛。

3. 真空冷冻干燥（vacuum freeze drying）

真空冷冻干燥简称冻干，是将湿物料或溶液在较低的温度（$-10\sim-50℃$）下冻结成固态，然后在真空（$1.3\sim13Pa$）下使其中的水分不经液态直接升华成气态，最终使物料脱水的干燥技术。

4. 超高压技术（ultra high pressure processing，UHP）

超高压技术又称为高静压技术（high hydrostatic pressure processing，HHP），其在密闭容器中以水作为传压介质，将 $100\sim1000\ MPa$ 的静态液体压力施加于食品、生物制品等物料上并保持一定的时间，以起到杀菌、灭酶等功能性作用。食品超高压技术是一种物理加工保鲜方法，相较于传统方法具有自身的很多优势。首先，在加工过程中不需要添加任何添加剂，这对于目前很多消费者来说无疑是非常青睐的加工方式；其次，在加工过程中对食品破坏较少，能够较好地保持食品中原有的营养以及色香味等成分。

三、果蔬花卉深加工后品质特点

园艺产品独特的色、香、味、质地及营养成分都是其内部所含化学成分及含量决定的，这些物质在园艺产品贮藏及加工过程中，会根据物料本身的性质以及贮藏加工环境等的影响，发生不同程度的变化。

1. 色

与颜色有关的成分是叶绿素、类胡萝卜素、花青素和黄酮色素这四大类。果实成熟时因叶绿素分解，其色泽由类胡萝卜素、花青素等呈现出来，在果实衰老时又因其含量下降而色泽变淡；一些切花衰老时，由于黄酮色素与酚类的氧化作用及单宁物质的积累，导致花瓣变褐、变黑。

2. 香

芳香物质的主要成分是醇类、脂质、酮类及烃类挥发物质。苹果、梨、桃和李等的芳香成分是有机酸和醇类产生的酯类；柑橘类的芳香物质主要是柠檬醛；香蕉的为醋酸丁酯和醋酸异戊酯；葡萄的为氨茴酸甲酯；番茄的为乙醇和醋酸丙酯。贮藏过程中芳香油含量因挥发和酶的分解而降低。

3. 味

决定风味的物质有碳水化合物、有机酸、单宁和糖苷等。其中碳水化合物包括两部分：可溶性糖和淀粉，前者包括果糖、葡萄糖和蔗糖，而后者在淀粉酶的作用下分解为麦芽糖，最终又分解为葡萄糖，这些物质作为呼吸作用的底物，在贮藏过程中分解，导致风味变淡。

有机酸包括苹果酸、柠檬酸、酒石酸和草酸等，是影响产品风味的重要因素。与糖一样，是呼吸作用的基质之一。

单宁类物质即多酚类化合物，是水果中涩味的主要来源，蔬菜中较少。有些果蔬的涩味是由草酸、香豆素、奎宁酸等的存在而引起的。

糖苷是单糖分子与非糖物质结合的化合物，即糖与醇、醛、酸等物质构成的醑类化合物，是果实中苦和麻味的来源，如苦杏仁苷、柑橘苷、芥子苷和茄碱苷等。

4. 果蔬产品的质地

果蔬产品的质地主要由水分、纤维素和果胶物质含量决定。

水分是园艺产品的重要组成部分，贮藏过程中的失水萎蔫是经常发生的现象，同时，失水引起的内部生理变化，可导致产品耐贮性下降。

纤维素和半纤维素是植物的骨架物质和细胞壁的主要成分，在植物体内起支持作用。果胶物质也是构成细胞壁的主要成分。在贮藏过程中，由于这些物质的水解，使得果实变软发绵。有些果蔬产品如菜豆、芹菜等老化时，纤维素的产生使组织坚硬粗糙，品质下降。

5. 营养物质

营养物质有蛋白质、维生素和矿物质元素等。果蔬中的蛋白质虽然不是人体所需蛋白质的主要来源，但它能提高粮食中蛋白质在人体中的吸收率。果蔬中的维生素、矿物质含量丰富，可以补充其他食品的不足。例如：人体所需的 40% 的维生素 A 和 B 族维生素，90% 的维生素 C 来自果蔬产品，在贮藏过程中由于一些酶类如过氧化物酶等活性提高，可使这些营养物质含量降低，产品品质下降。

鲜切花中，伴随着衰老过程，出现可溶性蛋白质的大量降解现象，因此蛋白质含量下降被认为是衰老的一个重要指标。

矿物质元素（如钙、磷、钾、镁、硼）、B 族维生素和维生素 C 对鲜切花品质很重要，缺钾引起月季"弯颈"现象，钙、钾、硼的缺乏减少香石竹的瓶插寿命，B 族维生素与叶片绿色程度有关，维生素 C 能延缓切花的衰老。除此以外，植物内源激素的变化对产品后熟与衰老过程有着重要作用。

6. 酶

酶是一类具有催化功能的蛋白质、核糖核酸或其复合体，生物体内的一切生化反应几乎都是在酶的作用下进行的。如多酚氧化酶在园艺产品中分布广泛，产品受损伤或切开后，与空气接触即变黑褐色；抗坏血酸氧化酶能催化抗坏血酸的氧化，在贮藏中导致产品维生素 C 含量下降；淀粉酶和磷酸化酶可催化淀粉水解；果胶酶、多聚半乳糖醛酸酶等可以促进果实硬度降低；过氧化氢酶和过氧化物酶活性增强，可加速产品的衰老。

第二章 果蔬花卉产品的膜分离技术与应用

02 Chapter

第一节 果蔬花卉产品膜分离技术简介

膜分离技术（membrane separation technology，MST）包括反渗透（reverse-osmosis，RO）、超滤（ultra-filtration，UF）、微滤（micro-filtration，MF）、纳滤（nano-filtration，NF）、电渗析（electro-dialysis，ED）、膜电解、扩散渗析、透析等第1代膜过程和气体分离（gas-separation，GS）、蒸汽渗透、全蒸发、膜蒸馏（membrane distillation，MD）、膜接触器和载体介导等第2代膜过程。

膜分离技术是一项新型高效的、精密的分离技术，它是材料科学与介质分离技术的交叉结合，具有高效分离、设备简单、节能、常温操作、无污染等优点，广泛应用于食品、医药、生物、环保、化工、冶金、能源、石油、水处理、电子、仿生等领域。膜分离技术是当代国际上公认的最具经济效益和社会效益的高新技术之一，具有非常明显的优势，为了提高产品附加值及开发新产品而采用膜分离产品是农产品加工的发展方向之一。

一、膜分离技术的原理

膜分离技术与传统的过滤相类似，但又有所区别，它与传统过滤的不同在于，膜可以在分子范围内进行分离，并且该过程是一种物理过程，不需发生相的变化和添加助剂。膜的孔径一般为微米级，依据其孔径的不同（或称为截留分子量），又分为几个类型，包括微滤膜、超滤膜等。根据材料的不同，又分为无机膜和有机膜：无机膜主要是陶瓷膜和金属膜，其过滤精度较低，选择性较小；有机膜是由高分子材料做成的，如醋酸纤维素、芳香族聚酰胺、聚醚砜、聚氟聚合物，等等。

利用膜孔径的不同，可将食品中不同的组分分离。现代膜分离技术是以高分子分离膜为代表的流体分离单元操作技术，是一种新型的边缘学科高新技术。膜技术利用天然或人工合成的高分子薄膜，以外界能量或化学位差为推动力，对双组分或多组分的溶质和溶剂进行分离、分级、提纯和富集。通常膜原料侧称为膜上游，透过侧称为膜下游，而分离膜能将混合的物质分隔开，主要有以下两种方法：

根据它们的物理性质不同，主要是质量、体积和几何形态差异，用过筛的方法将其分离。微滤膜分离就是根据这一原理将水溶液中孔径较大的固体杂质去掉的。

根据混合物的不同化学性质将其分离。物质通过分离膜的速率取决于两个步骤的速率，首先是从膜表面接触的混合物进入膜内的速率（溶解/扩散速率），其次是进入膜内后从膜的表面扩散到另一表面的速率。二者之和为总速率，总速率越大，透过膜所需的时间越短；总速率越小，透过膜所需的时间越长。

膜分离技术其最大特点是纯天然性，尤其特别适合于热敏性天然营养素的提取、分离和精制，因此，采用膜分离技术改进天然物的提取和加工方法是保证天然制品品质极其重要的环节。

二、膜分离技术的分类及性能

膜分离技术是一种分子级分离技术，主要的膜系统按膜孔紧密程度由密到疏，可分为反渗透（RO）、纳米过滤（NF）、超滤（UF）、微滤（MF）等种类。在膜技术生产中可达到多种生产目的，如可将乳蛋白中各种组合分开，得到酪蛋白和乳清蛋白；利用免疫球蛋白可用于生产高级婴儿奶粉；用微滤膜可对发酵工业中的用水和产品实现无菌化。除此之外，膜分离技术在海水和苦咸水的淡化、矿泉水杀菌、食品厂废水处理以及空气中的细菌去除等方面都已得到广泛应用。表 2-1 列出了部分工业用膜的分类及其基本特征。

表 2-1　工业用膜的分类及其基本特征

膜分离技术	原理	推动力（压差）/kPa	透过组分	截留组分	膜类型	处理物质形态
微滤	筛分	20~100	溶剂、盐类及大分子物质	0.1~20μm	多孔膜	液体或气体
超滤	筛分	100~1000	高分子溶剂或含小分子物质	5~100nm	非对称膜	液体
反渗透	溶解扩散	1000~10000	溶解性物质	0.1~1nm	非对称膜或复合膜	液体

膜分离技术	原理	推动力（压差）/kPa	透过组分	截留组分	膜类型	处理物质形态
纳滤	扩散效应、Donnan效应	500~1500	溶剂或含小分子物质	>1nm	非对称膜或复合膜	液体
电渗析	离子交换	电化学势-渗透	小离子组分	大离子和水	离子交换膜	液体
膜蒸馏	传质分离	蒸气压差	挥发性组分	离子、胶体、大分子等不挥发组分和无法扩散组分	多孔疏水膜	液体或气体
液膜	溶解扩散	浓度差	可透过组分	无法透过组分	液膜	液体
渗透气化	溶解扩散	浓度差	膜内易溶解或易挥发组分	不易溶解或不易挥发组分	均质膜、复合膜或非对称膜	进料为液态，渗透的为气态

1. 微滤（MF）

微滤（MF）产生于1925年，主要滤除≥50nm的颗粒，是发展最早、制备技术最成熟的膜形式之一，有人称其为绝对过滤。它是以多孔细小的多孔薄膜作为过滤介质，按照颗粒大小以筛分原理为根据的薄膜过滤技术。主要的膜材料有再生纤维素膜、聚丙烯膜、聚氯乙烯膜、聚四氟乙烯膜、聚酰胺膜、陶瓷膜等，滤膜孔径在$0.05~2.0\mu m$。在压力作为推动力的作用下，溶剂、水、盐类及大分子物质均能透过薄膜，而微细颗粒和超大分子等颗粒直径大于膜孔径的物质均被滞留下来，从而可达到分离的目的，进一步使溶液净化。

2. 超滤（UF）

该项技术产生于1970年，通常以醋酸纤维素、聚砜、聚丙烯腈、聚氯乙烯、聚偏氟乙烯、聚酰胺、陶瓷等为膜材料，滤膜孔径在$0.0015~0.02\mu m$范围内，是按照分子特性根据机械筛分原理，以一定的压力差为推动力，从溶液中分离出溶剂的操作。同微滤过程相比，超滤过程受膜表面孔的化学性质影响较大，在一定的压力差下溶剂或小分子物质可以透过膜孔，而大分子物质及微细颗粒却被截留，从而可达到分离目的。

3. 反渗透（RO）

反渗透（RO）又称为"高滤"，产生于1965年，后来被广泛应用，以醋酸纤维素、聚砜、聚酰胺及其改性化合物等为主要膜材料。主要是根据溶液的溶解、扩散原理，以压力差为推动力，利用半透膜的选择透过性，使溶剂透过膜并和溶质分开的膜分离过程。滤膜的孔径$<0.002\mu m$，膜类型为非对称膜或复合

膜，它与自然的渗透过程刚好相反，在浓溶液一侧，当施加压力高于自然渗透压时，就会迫使溶液中溶剂反向透过膜层，流向稀溶液一侧，从而达到分离提纯的目的。渗透和反渗透均是通过半透膜来完成的。

4. 纳滤（NF）

纳滤产生于 1990 年，以醋酸纤维素、聚砜和芳香族聚酰胺复合材料等为主要膜材料，膜孔径 2nm，是根据吸附、扩散原理，以压力差为推动力，实现低分子有机物的脱盐、纯化和高价离子的脱除的膜分离过程。它除了有本身的工作原理外，还具有反渗透和超滤的工作原理。纳滤又可以称为低压反渗透，是一种新型的膜分离技术，这种膜过程，拓宽了液相膜分离的应用，分离性能介于超滤和反渗透之间，其截留分子量约为 200～1000。纳米膜属于复合膜，允许一些无机盐和某些溶剂透过，对于单价离子的脱除率较低，在 50%～70% 左右。纳滤过程所需压力比反渗透低得多，具有节约动力的优点。

5. 电渗析

电渗析技术产生于 1950 年，以聚乙烯、聚丙烯、聚氯乙烯等的苯乙烯接枝聚合物为主要膜材料，滤膜孔径在 0.05～0.15μm，其以电位差为推动力，在直流电作用下利用离子交换膜的选择透过性，从溶液中脱除或富集电解质，从而实现溶液的淡化、精制或纯化目的。

6. 液膜

液膜是悬浮在液体中的一层乳液微粒形成的液相膜。依据溶解、扩散原理，通过这层液相膜可以将两个组成不同而又互溶的溶液分开，并通过渗透的原理起到分离、提纯的效果，它克服了固体膜存在的选择性低和通量小的特点。液膜一般由溶剂、表面活性剂和添加剂构成。按其构型和操作方式分为乳化液膜和支撑液膜。

图 2-1 为几种典型的膜材料显微图。

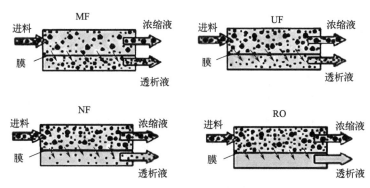

图 2-1　几种典型的膜材料显微图

三、膜的种类

膜又称为分离膜或滤膜，是一种具有选择性透过能力的膜型材料。通常按膜材料分为有机和无机两大类。有机材料主要包括纤维素类、聚酰胺类、芳香杂环类、聚砜类、聚烯烃类、硅橡胶类、含氟高分子类等；无机材料主要以金属、金属氧化物、陶瓷、多孔玻璃等为主。膜是分离过程的核心，被分离的流体物质可以是液态的也可以是气态的。

其中气体膜分离过程是一种以压力差为驱动力的分离过程，不同气体分子透过膜的速率不同，渗透速率快的气体在渗透侧富集，而渗透速率慢的气体则在原料侧富集。按照其化学组成，气体分离膜材料可分为高分子材料、无机材料和有机-无机杂化材料；按膜组件可分为平板式膜组件、螺旋卷式膜组件、中空纤维式膜组件；按气体膜分离的机理可分为非多孔膜和多孔膜。

四、膜分离技术的前景与展望

膜分离技术是建立在高分子材料学基础上的新兴边缘学科的高新技术，被誉为是 20 世纪末至 21 世纪中期最有发展前途，甚至会导致一次工业革命的重大生产技术。21 世纪初，膜技术及与其他技术集成的技术将在很大程度上取代目前采用的传统分离技术，达到节能降耗、提高产品质量的目的。膜分离技术中成膜材料和成膜工艺是该技术的关键点，膜的取料非常广泛，由无机膜扩展到有机膜，由单一材质膜发展到复合材料膜。无机物和有机高分子制成的复合膜具有化学稳定性好、耐菌、耐高温、机械强度高、孔径分布均匀和易再生等优点。新型膜材料的开发推动着膜科学技术向纵深发展，新型材料的研究已成为新的发展动力；优化成膜工艺过程，改善成膜工艺条件有利于提高膜的分离性能和使用寿命，降低膜的成本。

民以食为天，在能源紧张、资源短缺、生态环境恶化的今天，膜分离技术由于其环保、绿色、节约等优越性，已被广泛应用于食品工业中，且因其独特的优势而在食品行业中扮演着重要角色。根据不同工艺需求，可以选择用微滤来澄清（去除悬浮物），用超滤提纯或分离含大分子物质的溶液，用纳滤或电渗析脱盐、除矿物质，用反渗透进行浓缩、分级等。在过去几十年里，膜的应用在食品行业以乳制品和果蔬汁领域最为普遍，且在其他饮料行业（酒水、咖啡、茶）、畜禽动物制品行业（动物胶、骨、血液、蛋）、谷物类加工行业（谷物蛋白分离、玉米成分提炼、大豆加工）和生物科技领域［酶制剂的提炼、天然成分提纯、膜生物反应器（MBR）］等方面的应用也较广泛。

不容忽视的是虽然膜分离技术在一些方面已经应用得比较成熟，但膜分离技术仍然存在一些问题，影响了膜分离技术的大规模应用。膜分离要实现在食品工业中的规模性广泛应用，还取决于其诸如膜污染机理研究，性能优良、抗污染膜材料的研制开发等相关方面的发展。为了使食品生产提高产品质量，降低成本，缩短处理时间，必须实现高效集成化的发展模式，同时，优化食品加工中的膜分离过程，建立膜通量衰减模型，探明膜污染、堵塞的过程和机理，研究开发最合理的膜清洗、防污染方案是膜分离技术（MST）的另一个应用研究重点。

第二节　膜分离设备

膜分离设备是利用膜分离技术而在生产工厂按照其膜分离的技术参数标准制造的大型机械设备，其设备能够起分离的作用，效果远远超出传统的分离方式。由于膜的构型和分离过程各具特点，设备也有多种类型。有时根据过程、目的或用途，可分为板框式膜器、管式膜器、螺旋盘绕式膜器、中空纤维式膜器。

一、板框式膜器

膜器使用的是平板膜，其结构与板框式压滤机类似，由导流板、膜和多孔支撑板交替重叠组成。其优点是膜的组装方便，清洗更换容易，不易堵塞，同一设备可视生产需要而组装不同数量的膜。缺点是对密封要求高，结构不紧凑，每块板上料液的流程短，通过板面一次的透过液相对量少，所以为了使料液达到一定的浓缩度，需经过板面多次，或者料液需多次循环。

板框式装置是在尺寸相同的片状膜组之间，相间地插入隔板，形成两种液流的流道。由于膜组可置于均匀的电场中，这种结构适用于电渗析器。板框式装置也可应用于膜两侧流体静压差较小的超过滤和渗析。如图2-2所示，其中支撑板相当于过滤板，它的两侧表面有窄缝。其内腔有供透过液通过的通道，支撑板的表面与膜相贴，对膜起支撑作用。导流板相当于滤框，但与板框压滤机不同，由导流板导流流过膜面，透过液通过膜，经支撑板面上的窄缝流入支撑板的内腔，然后从支撑板外侧的出口流出。料液沿导流板上的流道与孔道一层层往上流，从膜器上部的出口流出，即为浓缩液。导流板面上设有不同形状的流道，以使料液在膜面上流动时保持一定的流速与湍动，没有死角，可减少浓差极化和防止微粒、胶体等的沉积。

板框式膜器是渗透气化分离过程中的一类常用装置，两个以上层叠设置的膜组件，一般料液渗透气化前都要先加热，然后再通入膜器中。渗透气化分离是一个相变的过程，透过膜的物质气化需要吸收能量。如无外界供热，则需由料液供热，因而在通过板框式膜器时料液的温度不断降低，使得渗透气化的速率不断降低。

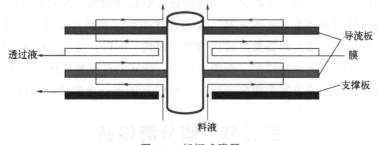

图 2-2　板框式膜器

二、管式膜器

管式装置是用管状膜并以多孔管支撑，构成类似于管壳式换热器的设备，分内压式和外压式，各用多孔管支撑于膜的外侧或内侧。内压式的膜面易冲洗，适用于微滤和超滤。

管式膜组件由管式膜制成，它的结构原理与管式换热器类似，管内与管外分别走料液与透过液。管式膜的排列形式有列管、排管或盘管等。管式膜分为外压和内压两种。外压即为膜在支撑管的外侧，因外压管需有耐高压的外壳，应用较少，膜在管内侧的则为内压管式膜。亦有内、外压结合的套管式管式膜组件。

管式膜组件的缺点是单位体积膜组件的膜面积小，一般仅为 $33\sim330m^2/m^3$，除特殊场合外，一般不被使用。

三、螺旋盘绕式膜器

把多孔隔板（供渗透液流动的空间）夹在两张膜之间，使它们的三条边黏着密合，开口边与用作渗透液引出管的多孔中心管接合，再在上面加一张用作料液流动通道的多孔隔板，并一起绕中心管卷成螺卷式元件。料液通道与中心管接合边及螺卷外端边封死。多个螺卷元件装入耐压筒中，构成单元装置。操作时料液沿轴向流动，可渗透物透过膜进入渗透液空间，沿螺旋通道流向中心管引出。该设备适用于反渗透和气体渗透分离，不能处理含微细颗粒的液体，如图 2-3 所示。

目前螺旋盘绕式膜组件应用比较广泛，与板框式相比，螺旋盘绕状膜组件的设备比较紧凑，单位体积内的膜面积大。其缺点是清洗不方便，膜损坏时不易更换，尤其是易堵塞，限制了其发展。

四、中空纤维式膜器

中空纤维不需要支撑而能承受较高的压差，在各种膜分离设备中，它的单位设备体积内容纳的膜面积最大。中空纤维式膜器是用中空纤维构成的类似于管壳式换热器的设备。中空纤维直径约 $0.1\sim1mm$，并列达数百万根，纤维端部用环

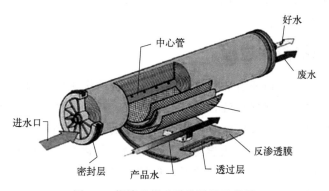

图 2-3　螺旋盘绕式反渗透膜示意图

氧树脂密封，构成管板，封装在压力容器中。中空纤维式膜器适用于反渗透和气体渗透分离。中空纤维式膜器的优点是设备紧凑，单位体积中所含的过滤面积大，可以逆洗，但是由于纤维内径小，阻力大，易发生堵塞，去污较困难，所以对料液的预处理要求较高，中空纤维一旦破损无法更换。

五、膜污染

膜分离技术是当前人类解决所面临的能源、资源、环境等重大问题的一项崭新的高科技工程技术，但是在实际工艺应用中，浓差极化和膜污染两大因素制约了膜技术的推广与应用。同时由于更换膜的费用昂贵及操作的相对复杂性，故对膜的清洗是膜技术应用中的重要一环。由于各种流体成分的复杂性及膜材料性能的各异性，解决膜污染、对膜进行有效清洗是至关重要的。

膜污染主要是由于主流体在分离膜表面的浓差极化和主流体中溶质与膜面间的相互作用所引起的，其中后者是主要原因。总的来说，它是指与膜接触的料液中的微粒、胶体粒子或溶质大分子等与膜间存在物理、化学或机械作用，而引起的各种固体或溶质成分在膜面或膜孔内吸附、沉积造成的膜孔径变小或堵塞，使膜发生透过通量变小与分离性能恶化的暂时性不可逆变化的现象，这样就必须停止操作，对膜系统进行清洗，以恢复膜组件分离性能。就其污染点不同，可分为内污染与外污染。内污染是指料液中溶质在浓缩情况下结晶或沉淀在膜孔内，使之发生不同程度的阻塞，导致膜的有效孔隙率下降，改变膜的孔径分布；外污染是由于料液中某些成分与膜面间存在某种亲和力，导致膜面流体极化边界层中的某些固体成分在膜面吸附与沉降。从广义上来说外污染就是浓差极化，极化边界层的形成导致了膜透过性能下降并降低了膜的抗污能力，因此减小浓差极化就可以降低膜面污染。

目前，常用污染度（FR）来表示膜污染的程度。FR 是以膜使用前后纯水通量的降低来度量的。FR＝（膜使用前纯水通量 T_0－膜使用后纯水通量 T_w）／膜使用前纯水通量 T_0。

六、污染膜的再生过程

膜的清洗可分为物理清洗和化学清洗。物理清洗主要是利用机械作用，如注水正、反冲洗，海绵球擦洗，气液混合冲洗，抽吸清洗等，物理清洗仅可能使膜的透水性得到一定程度恢复，且这样处理的膜经短期运行后其各项性能随时间衰减很快，故必须进行化学清洗。由于物理与化学清洗有时会导致膜面损伤或再污染，故对膜系统进行清洗时，应综合考虑污染源、膜材料、清洗剂三者间的相互作用及洗膜的经济费用，以选择合适的清洗剂并设计理想的清洗方法。

1. 物理方法

（1）反冲洗　反冲洗是一种广为采用的清洗方法，可以有效去除凝胶层及膜污染。此法通过采用气体、液体等作为反冲介质，给滤膜管施加反向作用力，使膜表面及膜孔内所吸附的污染物脱离滤膜，从而使通量得以恢复。在反冲洗过程中，若同时对膜面进行快速冲洗，清除变松的污染层，可提高清洗效果。一般采用两个超滤器并联运行，用一个超滤器的出水对另一个超滤器进行反冲洗。这应在较低的操作压力下进行（约 132kPa），以免引起膜破裂。反冲洗时间一般需要 20～30min。对于卷式超滤器，定时反冲洗是稳定其产水量的必要手段。有研究表明，对于因长期连续运转透水量下降而再生又有困难的超滤装置，在停止运转时用高纯水浸泡静置 10h 以上，然后再进行水力反冲洗，是提高超滤透水量的有效方法。

（2）空气冲洗或曝气　曝气方法主要通过曝气控制装置使曝气间歇性产生单个大气泡。大气泡在上升过程中对膜表面的剪切力和传质效率明显高于普通的自由曝气产生的小气泡。膜污染曝气控制方法能耗低、效率高，可进一步提高膜污染控制的效果，降低曝气能耗，减少膜清洗次数和清洗成本，提高膜组件的使用寿命。空气冲洗将产生气液两个流动相，这种处理方法简单，对于初期受有机物污染的膜的清洗是有效的。

（3）等压冲洗　适用于中空纤维膜超滤器。冲洗时首先降压运行，关闭超滤液出口并增加原水（料液）进入速率。此时中空纤维内腔压力随之上升，直至达到与中空纤维外侧腔体操作压力相等，使膜两侧压差为零，滞留于膜表面的溶质分子即会悬浮于溶液中并随浓缩液排出。

（4）负压清洗　负压清洗是通过一定的真空抽吸，在膜的功能面侧形成负压，以去除膜表面和膜内部的污染物。负压清洗在某些方面优于等压清洗和低压高流速清洗法。其中的负压反向冲洗法，是一种从膜的负面向正面进行冲洗的方法，对内外有致密层的中空纤维或毛细管超滤膜是比较适宜的。这是一种行之有效但常与风险共存的方法，一旦操作失误，很容易把膜冲裂或者破坏中空纤维或毛细管与黏结剂的黏结面而导致泄漏。

（5）机械清洗 对管式超滤器可采用软质泡沫塑料球、海绵球（直径略大于膜管内径），对内压管膜进行清洗。即在管内用水力让泡沫、海绵球反复经过膜表面，对污染物进行机械性地去除。这种方法对软质垢几乎能全部去除，但对硬质垢则不易去除，且容易损伤膜表面。因此，该法特别适用于以有机胶体为主要成分的污染膜表面的清洗。

（6）超声清洗 超声清洗主要有声流、微液流和微射流等几种机理。声流是由于对声能的吸收而导致的液体流动，适用于表面上为易脱落或易溶解的污染物颗粒的膜；微液流是一种发生于由于振荡声压产生运动的气泡附近的液流循环，当空化泡靠近污染层表面时，微液流就会对污染颗粒产生强大的剪力并使之去除；微射流在空化泡破裂时形成，当空化泡破裂时，气泡壁在固体表面的相反侧产生强烈的作用，并最终形成速度约为 $100 \sim 200 \text{m/s}$ 的强烈微射流，这种高速的微射流能够有效冲去膜表面的污物。

（7）在线电场清洗 若使用导电膜且在膜器上安装电极，在过滤过程中，在一定时间间隔内在膜上施加电场，则膜面及其附近的带电粒子或分子沿电场方向迁移，可去除带电污染物在膜面的沉积。电清洗是一种较新的膜清洗方法，它在膜上加载直流或交流电来去除污染层。该法可以实现系统不停车运行，但是电场可改变分离溶液的 pH，并引起电极表面的电解。

2. 化学方法

化学方法是较为常用的清洗方法。采用化学清洗时，应根据污染物的性质以及膜本身的性质来选择合适的清洗液配方。选择清洗剂时，要考虑既要能够去除膜污染物，同时又不至于给滤膜带来腐蚀作用。如对硫酸钙、磷酸钙以及金属氧化物等无机污染物可采用 2.0% 柠檬酸溶液＋氨水或稀盐酸清洗；对硫酸钙、胶状物、微生物等污染物可采用 2.0% 三聚磷酸钠溶液、0.8%Na·EDTA 溶液进行清洗；对天然有机物及微生物可采用 2.0% 三聚磷酸钠溶液、0.25% 十二烷基苯磺酸钠溶液进行清洗。

在膜清洗的过程中，时间、温度、跨膜压差、药品、清洗水质等都会影响清洗效果。在具体的化学清洗时，应根据污染的类型、程度、膜材料的性能来选择和确定清洗剂。清洗剂可以单独使用，但更多的情况下是复合使用，同时还可以与表面活性剂、分散剂、螯合剂、阻垢剂等组成复合配方。

第三节 膜分离技术在果蔬深加工上的应用

膜分离技术用于食品工业开始于 20 世纪 60 年代末，首先是从乳品加工和啤酒的无菌过滤开始的，随后逐渐用于果汁、饮料加工、酒精类精制等方面。至今，膜分离技术在食品加工中已得到广泛应用，主要用于以下几个方面：利用膜分离技术对植物蛋白进行浓缩、提纯和分离，以及加工乳制品、对动物血浆进行浓缩、对明胶进行提纯等；同时在饮料加工、处理淀粉废水、制糖工业、食用油加工、食品添加剂生产等方面都有较广泛的应用。

一、膜分离技术在山楂加工上的应用

1. 应用说明

山楂（*Crataegus pinnatifida*）别名山里红果、酸枣、红果等。仁果类水果，质硬，果肉薄，味微酸涩，是我国特有的药果兼用树种，有很高的营养价值和医疗价值。山楂的主要成分为黄酮类及有机酸类化合物，另外尚含有磷脂、维生素 C、维生素 B_2 等，其中黄酮类与维生素 C、胡萝卜素等物质能够阻断并减少自由基的生成，可增强机体的免疫力，延缓衰老，防癌抗癌。

由于山楂具有较高的色素及果胶含量，因而可以加工成很多产品，例如山楂汁。传统的山楂汁制法较为复杂，且有一定的难度，而以膜分离技术代替传统的山楂汁加工技术，具有很大的便捷性，即先应用超滤技术对果汁和果胶进行分离、提纯，并对果胶做进一步浓缩，最后应用反渗透对果汁进行浓缩即可。用该工艺生产的山楂汁色泽鲜艳，果香浓郁，其品质要明显优于传统方法生产的制品。该工艺已成功地在工业化生产中得到应用，并产生了明显的经济效益和社会效益。

2. 材料与设备

使用的材料主要为山楂，膜使用的为丹麦 DDS 公司生产的优质膜，水使用电导度小于 $8\mu S/cm$ 的纯水，其他药品均采用分析纯的。

常用设备主要有分光光度计，自动电位滴定仪，糖量计，旋转黏度计，电导仪，切片机，浸提罐，离心机，硅藻土过滤机，超滤设备，反渗透设备和喷雾干燥塔等。

3. 工艺流程

山楂→挑选→清洗→去核→切片→清水浸提 2h→HCl 溶液浸提 1h→超滤去果胶
成品保存←膜清洗←喷雾干燥←反渗透浓缩←洗滤分离←超滤分离←果汁浓缩←┘

4. 工艺操作要点

（1）山楂液的浸提　将洗净的山楂切片，按 1∶3 的比例加入水，在 50℃ 的恒温下浸提 2h，待 90% 以上的山楂风味物质（糖、酸、色素等果汁成分）被浸提出后，再用 pH＝2 左右的 HCl 溶液在 90℃ 的恒温条件下浸提 1h，以提高果胶的浸提率。

（2）山楂汁的超滤　浸提得到的山楂提取液应去除里面的果胶，可采用超滤的方法进行。选择 UF-1 超滤膜为超滤用膜，在压力 0.5MPa，温度 35～40℃，料液流速 2.2m/s 的条件下进行山楂汁的超滤。

山楂色素属花色素苷，其稳定性随温度升高而下降，因此低温操作对其保持稳定有利。山楂汁中果胶含量较高，如果操作温度太低，会造成流动阻力增加，膜污染加重，膜通量下降等不良后果，因此操作温度也不宜过低。由此，操作温度控制在 40～50℃ 较为适宜。许多研究表明，在膜通道内达到湍流状态，是去除膜表面堆积物，减小边界层厚度，控制浓差极化最简单、最有效的方法。由于所处理物料黏度较大，采用超滤装置的最大流速（2.2m/s）。操作压力定为 0.4～0.5MPa 较为适宜。

（3）山楂果汁的浓缩　果汁浓缩的传统工艺为蒸发浓缩，这种相变过程不仅能耗较高，而且会使果汁中的维生素、色素等热敏性物质受到极大的破坏，香气成分损失严重，果汁的品质大大降低。因此采用反渗透法进行果汁的浓缩。反渗透以压力为动力，不加热，无相变，常温下即可完成操作，将其用于果汁的浓缩，不仅可降低能耗，而且也可使维生素、色素等热敏性物质得到保护，特别可使果汁中 80% 以上的挥发性成分和芳香成分得到保留。

山楂汁富含有机酸、糖、维生素、多种微量元素、花色素苷以及独特的风味成分等，因此选择对这些物质截留率高的反渗透膜就显得十分重要。一般应选择 RO-1 型反渗透膜，这样可以保持较高的养分含量。

反渗透操作过程中，渗透平衡热力学要求膜两侧溶液中的化学位相同，为使水透过膜，除要克服膜两侧的渗透压（$\Delta\pi$）外，在膜的高压侧还要多加一个推动压（P'）。

$$J_w = K(P' - \Delta\pi)$$

水通量 J_w 与（$P' - \Delta\pi$）成正比，通常果汁具有较高的渗透压，为了保持一定的水通量，应尽可能地提高操作压力，然而由于设备及能耗的原因，操作压力不可能无限制地提高，因此操作压力以 4.5MPa 为好。

（4）超滤分离　取山楂的浸提液 330L，经预处理后，加入到 Unit37（丹麦 DDS公司）超滤设备料罐中，随着料罐内料液体积的减少随时加料，保持料罐内料液体积基本不变，直至全部料液加完。加工中控制压力为 0.4MPa，温度控制在 35～45℃，料液流速控制在 2.3m/s。

（5）洗滤分离　尽管果胶与果汁是风味物质，其相对分子质量之间相差较大，理论上超滤能较好地将它们分开，但实际上仍会有一部分小分子物质滞留在浓缩液中，这不仅会使果汁的得率降低，而且还会使果胶的纯度下降，因此对浓缩液加水做进一步洗滤是十分必要的。

（6）反渗透浓缩　将超滤透过液和洗滤液连续送入反渗透设备的料罐进行浓缩，至 20°Bx 时停止，在膜系统的配置上，采用分段连续浓缩方式，浓缩过程中，其平均水通量为 23.7L/（m^2·h）。

（7）喷雾干燥　把超滤浓缩液进行预热，当温度达到 50℃左右时，以恒定的速度用蠕动泵输入喷雾塔进行喷雾干燥，控制进风温度在 190～230℃，排风温度控制在 85～90℃，并控制离心头的转速在 35000～45000r/min，这样所得到的果胶的胶凝度可达到 180 以上。

（8）膜的清洗　正确的清洗方法，对膜的通量恢复起着至关重要的作用，通常在膜性能允许的范围内，应尽可能采用较高清洗剂浓度和清洗温度，并在低压力高流速的条件下进行。采用 NaCl（0.3%）和 U10（0.5%）为清洗剂，清洗 1.0～1.5h，膜通量基本能恢复。

二、膜分离技术在菠萝汁生产中的应用

1. 应用说明

菠萝［*Ananas comosus*（Linn.）Merr.］是世界重要的水果之一，有 80 多个国家和地区把它作为经济作物栽培，我国是菠萝十大主产国之一。菠萝营养丰富，其成分包括糖类、蛋白质、脂肪、维生素 A、维生素 B$_1$、维生素 B$_2$、维生素 C 及钙、磷、铁、有机酸类、烟酸等，尤其以维生素 C 含量最高。既可鲜食，又可加工，可加工成糖水菠萝罐头、菠萝果汁等。

2. 材料与设备

从市场买的新鲜菠萝，其中以 1/2 小果转黄采收为宜，此时有七八成熟。

设备有打浆机或榨汁机、紫外可见分光光度计、低速大容量离心机、膜设备（为 TP10-20 型号的天津膜等），准备食盐适量。

3. 工艺流程

菠萝→挑选→去皮→去心→切块→脱敏→榨汁→酶解→离心→膜分离→澄清→膜的清洗

4. 工艺操作要点

（1）预处理　挑选七八成熟的、无斑点的菠萝，去皮，切除中间硬化的果心，切成小块。

（2）脱敏　用 100℃的开水浸泡，然后立即捞出，或者用盐水浸泡，然后再用清水去除果实表面的咸味儿，处理之后放入榨汁机（打浆机）中榨汁。

（3）酶解　在果汁进行膜分离以前必须对其进行预处理，以除去果汁中纤维素、果胶和蛋白质等大分子物质。由于果胶酶和纤维素酶能够水解果汁中引起浑浊的果胶物质和纤维素，使得果汁变成清澈透亮的清果汁，所以一般使用果胶酶和纤维素酶处理果汁，以此来减少膜分离过程中会在膜表面产生沉淀的微小颗粒，增大膜的流通量。

（4）离心　在膜分离之前需要对处理好的果汁进行 4000r/min 的离心，此过程可除去部分可能会造成膜堵塞的微小颗粒，从而提高膜分离的效率。

（5）膜分离　在使用膜分离设备时，应注意控制好流通速度，设置好压强、温度、时间等条件。

（6）澄清　虽然经过了超滤过程，但是仍需要将制成的果汁进行静置澄清。

（7）膜的清洗　膜分离装置在长期运行过程中，膜表面会被它截留的各种有害杂质所覆盖，甚至膜孔也会被更为细小的杂质堵塞而使其分离性能下降。所以，膜组件和膜装置的清洗与消毒是膜分离过程中不可缺少的一个重要环节。

菠萝汁分离中膜的清洗通常采用化学方法，因为菠萝汁呈酸性，所以膜组件及管道内肯定也呈酸性，应该用碱性溶液进行清洗。生产中可用酶制剂进行清洗，然而由于酶制剂价格昂贵，显然不适于工业化生产的应用。在实际操作中可以采用清水冲洗 30min→0.4% NaOH 溶液循环清洗 30min→90% 的乙醇溶液循环清洗 30min→清水冲洗 30min。操作时控制温度为 25℃，压力控制为 0.06MPa。

三、膜分离技术在番茄加工中的应用

1. 应用说明

1984 年意大利建立了世界上第一条管式反渗透浓缩番茄汁生产线，它可将 4.5°Bx 的番茄汁浓缩至 8.5°Bx，生产能力为 42t/h，可从番茄汁中脱水 20t/h，耗电 150kW·h，配合使用蒸发器可将其浓缩至糖度为 28°Bx 的番茄汁。

加工番茄又叫工业番茄或酱用番茄，其皮厚汁少，可溶性固形物含量高。通过膜分离技术进行番茄酱的生产，可在常温下连续操作，其过程简单高效，特别适用于番茄等热敏性物料，例如番茄汁的加工。

2. 材料与设备

加工用番茄，高速清洗机、打浆机、真空泵、榨汁机、超滤设备、低温冷冻离心机、均质机等。

3. 工艺流程

原料→清洗→拣选→破碎→打浆→酶解→真空浓缩→离心→膜分离→均质→杀菌
　　　　　　　　　　　　　　　成品入库←包装←糖度测试←┘

4. 工艺操作要点

（1）预处理　选取 8~9 成熟、果肉厚且较硬的果实为原料，洗净，放入 85~90℃ 热水中煮 3~5min，捞出，然后迅速用凉水冲洗至常温。

（2）打浆　将烫漂过的番茄置于打浆机中，通过一定规格的网筛，打浆榨汁。

（3）酶解　在番茄汁进行膜分离以前必须对其进行预处理，以除去番茄汁中纤维素、果胶和蛋白质等大分子物质，一般使用果胶酶和纤维素酶处理，以此来减少膜分离过程中会在膜表面产生沉淀的微小颗粒，增大膜的流通量。

（4）真空浓缩　酶解后的番茄汁进行真空浓缩，以提高番茄汁的浓度。

（5）离心　在进行膜分离之前，先对番茄汁进行一次离心处理，可设置参数为 4000r/min，以除去果汁中部分颗粒状杂质，提高膜分离效率。

（6）膜分离　选用合适的膜分离设备，根据产品要求规格，设定合理的时间、温度、压强等参数，保证一定的流通速度。

（7）均质　对分离后的番茄汁进行均质处理，保证生产出的产品具有相同的质量。

（8）杀菌　为使番茄中含有的花青素、维生素等热敏性营养成分不受加工损失，采取更为先进的低温杀菌工艺替代普通番茄加工中采用的高温杀菌工艺。

（9）糖度测试　通过分光光度计等设备测试番茄汁的含糖量，计算糖酸比，并根据计算结果进行合理调节。

（10）包装成品。

第三章　果蔬花卉产品的新含气调理加工技术与应用

Chapter **03**

　　新含气调理食品保鲜加工技术是将经预处理后的食品原材料，装在高阻氧的透明软包装中，抽出空气注入不活泼气体并密封，然后在多阶段升温、两阶段冷却的调理杀菌锅内进行温和式杀菌。经杀菌后的食品可以保存和流通 6～12 个月，且能完好地保存食品的品质、营养成分和口感，同时食品的外观和色、香、味几乎不变。目前，国际上已有多家食品加工企业使用该加工设备及技术，我国台湾、山东、广东等地也引进了该生产线及技术，取得了较好的经济效益，相信随着该项技术的普及我国园艺产品的生产将越来越多地使用该技术。

第一节　新含气调理加工技术的原理

一、新含气调理技术的基本原理

　　新含气调理技术（new technical gascooking system）是针对目前普遍使用的冷冻法和高温高压杀菌等常规方法存在的不足而开发的一种新的食品加工技术。它将食品原料经过清洗、去皮和去涩等初加工后，结合调味烹饪进行合理的减菌化处理，处理后的食品原料与调味汁一同充填到高阻隔性（防氧化）的包装容器中。先驱除空气，再注入不活泼气体（通常为氮气），然后密封。最后，将包装后的物料送入新含气烹饪锅中进行多阶段加热的温和式调理灭菌。其中，灭菌是保存食品的重要环节，隔氧是保存食品的重要条件。

　　新含气调理技术的杀菌工艺是通过新含气调理杀菌装置（technical gas cooking machine，TGCM）来实现的。这种杀菌工艺将食品物料在包装之前的减菌化加工工艺技术（或称栅栏技术）与充氮包装技术相结合，采取多阶段快速升温和两阶段急速冷却的温和式方式杀菌，适合于加工各类方便食品或半成品，杀菌后能够比较完美地保存原有的色泽、风味、口感、形状和营养成分。

TGCM 由杀菌处理罐、热水贮罐、冷却水罐、热交换器、循环泵、电磁控制阀、连接管道及高性能智能操作平台和相应的技术控制软件等部分组成。杀菌采用波浪状热水喷淋、均一性加热、多阶段升温、两阶段急速冷却的温和式方式。在杀菌罐的两侧设置有众多喷嘴，向被杀菌物不间断地喷射放射状热水，在整个罐内可形成十分均一的杀菌温度，而且热扩散极快（如图 3-1 所示）。

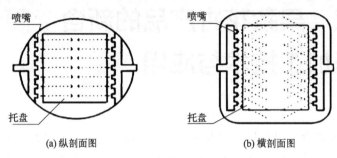

（a）纵剖面图　　　　　　　　　（b）横剖面图

图 3-1　TGCM 热水喷淋示意图

TGCM 根据不同食品物料特性以其减菌化处理状态的要求，随时设定适合某种食品的阶段升温和冷却程序，使每一种食品均可在最佳的个性条件下进行调理杀菌。温度控制采用模拟控制系统。用于杀菌的热水由从一端通入热交换器的蒸汽加热升温，自动温度控制系统根据罐体内的温度传感器反馈的信息精确控制进汽比例自动阀门的开度和时间。压力调整装置配合标准模式自动调整压力，使热水在杀菌温度控制的范围内始终处于水的状态。用于杀菌的热水和冷却水可以反复循环使用。一旦杀菌结束，第一次冷却程序自动启动，从一端进入热交换器的冷却水将用于杀菌的热水的温度降低到 90℃左右（温度可以任意设定），然后回收到热水贮罐内，供下一次杀菌时使用。被杀菌物再经第二次冷却，温度急速降至 40℃左右。在两次冷却过程中的冷却水，又可通过冷却塔冷却后回收，供下一次冷却时使用。

二、新含气调理技术的工艺流程

原料→初加工→预处理(加味及减菌化处理)→填料(使用高阻隔性的包装材料)→抽气
产品←新含气调理杀菌(多阶段升温调理杀菌)←气体置换包装←注入不活泼的气体←┘

1. 初加工

初加工一般是对生鲜物料进行筛选、清洗、削皮、去内脏、切块、切丝、去涩等方面的初步加工。

2. 预处理

这是新含气调理技术的关键所在。在预处理过程中，结合蒸、煮、炸、烤、煎、炒等必要的调味烹饪，同时进行减菌化处理。一般来说，蔬菜、肉类等每克

原料中约有 $10^5 \sim 10^6$ 个细菌，经减菌化处理之后，可降至 $10^1 \sim 10^2$ 个，通过这样的减菌化处理，可以大大降低和缩短最后灭菌的温度和时间，减轻最后杀菌的负担，从而使食品承受的热损伤控制在最低限度。

3. 气体置换包装

预处理后将食品原料及调味汁装入高阻隔性的包装袋（盒）中，进行气体（氮气）置换包装，然后密封。通常采用先抽真空，再注入氮气，置换率一般可达99%以上。

4. 调理灭菌

采用波浪状热水喷淋、均一性加热、多阶段升温、两阶段急速冷却的温和式方式灭菌。在灭菌锅两侧设置众多喷嘴向被灭菌物喷射波浪状热水，形成十分均一的灭菌温度。由于不断向被灭菌物表面喷洒热水，热扩散快，且热传递均匀。多阶段升温的灭菌工艺是为了缩短食品表面与食品中心之间的温度差。第一阶段为预热期，第二阶段为调理入味期，第三阶段为灭菌期。每一阶段灭菌温度的高低和时间的长短，取决于食品的种类和调理的要求。

新含气调理灭菌与高温高压灭菌的温度-时间曲线的关系比较，见图3-2。由此可见，多阶段升温灭菌的第三阶段的高温域较窄，从而改变了高温高压灭菌法因一次性升温及高温高压时间过长而对食品造成的热损伤以及出现蒸馏异味和煳味的弊端。一旦灭菌结束，冷却系统迅速启动，$5 \sim 10 \mathrm{min}$ 之内，被灭菌物的温度降至40℃以下，从而尽快脱离高温状态。

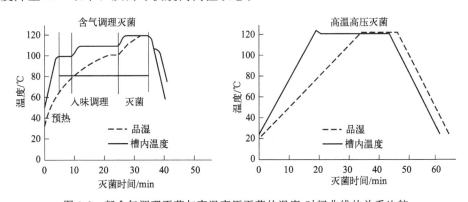

图 3-2　新含气调理灭菌与高温高压灭菌的温度-时间曲线的关系比较

三、新含气调理技术的特点

现代食品加工法包括高温高压、低温、冷冻和无菌包装等。而食品加工技术的先进性，应通过诸如食品口感、色泽、味道及气味、外观、广范围的商品适用性、食用的难易程度、货架期等加以评价。新含气调理技术与几种贮藏技术的比较如表3-1所示。

表 3-1　几种加工技术的比较

加工方法	贮运条件	优点	缺点
高温高压法	常温	① 在常温下贮运和销售； ② 携带方便； ③ 货架期长	① 口感劣化； ② 色泽改变； ③ 变形或损伤； ④ 出现蒸馏异味或焦糊味
无菌包装法	常温	① 在常温下贮运和销售； ② 携带方便； ③ 货架期长	应用范围狭窄（仅限于米饭、汤汁、牛奶等）
新含气调理法	常温	① 口感和色泽很少变化； ② 外观、质地良好； ③ 携带方便； ④ 货架期长	设备投资大
低温加工法	冷藏	口感和色泽很少变化	① 在冷藏的条件下贮运，流通领域成本高； ② 变形或损伤； ③ 货架期短

从几种杀菌技术的比较可以看出，各自有各自的优点。通过比较还可看出新含气调理技术在加工品的品质方面和产品运输保存方面具有明显的优势，因此是今后食品贮藏的良好发展方向，但也存在初次设备投资较大等问题。

第二节　新含气调理加工的设备

新含气调理加工的设备主要包括万能自动烹饪锅、新含气制氮机、新含气包装机以及调理灭菌锅等。

一、万能自动烹饪锅

万能自动烹饪锅采用空间热源方式，根据需要喷射热水、蒸汽或调味汁，进行无搅拌的蒸、煮、煎、烤等多功能烹饪。同时装备有加压和减压功能，通过调节压力，可有效地进行加热和冷却处理，以缩短烹饪时间。此外，整个烹饪过程可在无氧全氮的条件下进行，以免食品在烹饪的过程中发生氧化作用。该设备通过高性能电脑平台全自动控制，锅内的温度与压力、食品的中心温度、调味汁的糖度与盐度等数据随时在电脑画面上显示，以便进行连续的监控烹饪。

二、新含气制氮机

制氮机专用于食品包装的氮气分离。通过无油压缩机将压缩空气送入吸附柱内，空气中的氧气、二氧化碳和水分等杂质被选择性吸收而将氮气分离出来。所分离的氮气纯度可达 99.9% 以上。该制氮机还配备有贮氮罐，被分离出来的氮气暂时贮藏在贮氮罐内，随时供包装机使用。包装机与制氮机相连，全自动包装机的填料、抽真空、充氮和封口全部自动化。已开发的新含气制氮机所分离的氮气纯度可达 99.95% 以上，其制氮能力为 $10cm^3/h$、$30cm^3/h$、$48cm^3/h$ 不等，运转也通过程序装置控制。此外，该制氮机具有逆洗功能，可始终保持分离柱内的清洁。制出的氮气还可与食用酒精混合，对包装生鲜食品效果极佳。

三、新含气包装机

新含气包装机包括新含气半自动式与全自动式包装机。半自动式包装机，需人工填料，但抽真空、充氮、封口自动进行，包装袋适用范围较宽；全自动式配套自动填料机，其填料、送盒（袋）、抽真空、充氮和封口全部自动进行。

四、调理灭菌锅

调理灭菌锅由灭菌罐、热水贮罐、冷却水罐、热交换器、循环泵、电磁控制阀、连接管道及高性能智能操作平台等部分组成。灭菌锅采用模拟温度控制系统，根据不同食品对灭菌条件的要求，随时设定升温和冷却程序。在灭菌槽内，热水从设置在两侧的喷嘴以放射状喷出，均匀地喷洒在食品袋上，形成均一的杀菌温度。由于热水不断向食品袋表面喷射，热量扩散快，传递均匀，食品内部的升温速度快。同样，冷却时也采用相同的喷淋方式，冷却迅速。一般来说，整个灭菌过程（包括冷却）可在 45 min 内完成。用于灭菌的热水可以反复循环使用，冷却时，80℃以上的热水还可回收，从而节约能耗。

五、其他设备

除了上述主要设备外，还需要配备车间消毒设备、供热设备、空压机、供水泵、冷却水塔（罐）、贮气罐等辅助生产设施。

第三节　新含气调理技术的应用

新含气调理食品因已达到商业无菌状态，单纯从灭菌的角度考虑，可在常温下保存 1 年。但货架期受包装材料的透氧率、包装时气体置换率和食品含水率变化的限制。如果包装材料在 12℃ 的条件下加热 20min 后，透氧率不高于 2～3mL，使用的氮气纯度为 99.9% 以上，气体置换率达到 95% 以上时，保鲜期可以达到数个月。同时，新含气调理加工适合的食品种类相当广泛，在蔬菜水果方面有炒藕片、八宝菜、木耳、香菇、萝卜丝、竹笋片、榨菜、青豆、葡萄、梨、苹果、荔枝、龙眼、草莓、菠萝等。最近，板栗的新含气调理加工在国内已见应用。

果蔬气调包装的保鲜原理是用透气性薄膜包装果蔬，充入低 O_2 与高 CO_2 的混合气体置换空气后密封，果蔬的呼吸活动消耗 O_2 并放出 CO_2，使包装内的 O_2 含量低于空气而积累 CO_2 高于空气，通过薄膜进行气体交换，达到一个有利于果蔬保持微弱需氧呼吸的气调平衡而得到保鲜。果蔬气调包装气调平衡的条件是包装内果蔬的呼吸速率要与塑料薄膜的透气率相匹配。因而，果蔬气调包装保鲜效果较大程度取决于包装材料。

目前用于低呼吸速率果蔬（如番茄等）气调包装材料有 0.03～0.04mm 的 PE、PP 和 PVC 薄膜，但不能满足高呼吸速率热带水果或叶菜类的包装要求。国内外正在研究开发各种高透气率的微孔薄膜，以适应各类果蔬气调包装的要求。

虽然果蔬品种很多，各种果蔬的呼吸速率有较大的差异，气调包装混合气体最低的 O_2 和最高的 CO_2 混合比例较难确定，但大多数果蔬用 5%O_2、5%CO_2、90%N_2 气体混合比例包装，在 6～8℃ 低温下都能取得比空气包装长 1～2 倍的保鲜期。这样的保鲜期对超市销售和短途运输仍有一定的市场效益。

一、新含气调理在开发新菜谱中的应用

1. 应用说明

适合于新含气调理法加工的食品种类相当广泛，包括主食类、肉食类、禽蛋类、水产类、素食类、点心水果类、汤汁类和盒饭类等。利用新含气调理食品保鲜加工技术开发适合于酒楼、宾馆、餐厅使用的高级菜点品种和适合于快餐店、学校、医院、军队以及家庭食用的方便食品或半成品，有着极其庞大的市场潜力。特别是结合传统的烹饪技艺，开发一些有地方独特风味的菜肴、面点，实现标准化、规模化生产，可以扩大经销范围，使远方的消费者也可品鲜尝美。此外，新含气调理食品加工技术温和式灭菌方法不损伤食品的营养成分，有利于开发功能性保健食品或寿筵菜肴。

2. 产品质量

口感是决定食品品质的重要因子。口感的好坏不仅取决于食品原材料的品质，而更重要的是受加工工艺及灭菌条件的影响。食品的口感可通过主观或客观的方法加以评价。主观方法是通过食品的软硬程度、光滑程度、舌齿触感及咀嚼时的感觉进行评定的，易受人为因素和经验的限制。客观方法是通过机械的方法进行客观性评价。新含气调理食品与高温高压食品口感差别的重要原因之一是因为后者承受的高温高压时间过长，不同的食品往往采用同一灭菌模式，食品的质地遭受严重破坏。新含气调理食品在包装前，经过减菌化处理，同时在调理灭菌的过程中，食品内部的温度上升快，加热的温度和时间限定在最低限度，并且根据不同的食品设定相应的最佳灭菌条件，食品的物性变化最小，可使食品物料的风味、色泽和口感不发生改变，让中式烹饪从此跨入标准化、规模化、自动化生产的时代，从而可为食品深加工开辟新途径。

二、新含气调理在碳酸饮料罐装生产上的应用

中国早期的碳酸饮料灌装技术比较落后，几乎全部依赖进口，通过消化和吸收引进国外的先进技术，目前我国的碳酸饮料装备水平已经有了很大的提高。达意隆的 CSD 三合一灌装设备在研发设计过程中融合了国外多家知名公司的同类产品的优点，并结合我国的具体国情和市场状况，进行了全新的技术改造，目前这项技术在国内同行中处于领先地位。达意隆的碳酸饮料灌装线在灌装作业中不需要输瓶螺杆，并且设有多处卡瓶、缺瓶、缺盖、过载等保护报警装置，能及时发现及排除灌装中的故障，性能非常可靠，工艺流程科学，完全可保证灌装过程中的安全与卫生，能为各类软饮料生产厂家提供灌装服务，其将新含气调理技术在碳酸饮料罐装生产上进行了充分且效果良好的应用。

第四节　果品的新含气调理技术

本节以板栗的新含气调理技术为例进行介绍。

1. 应用说明

板栗又名栗子，它既是果品，亦可代替粮食，是一种营养价值较高的食药兼用的坚果。我国板栗资源丰富，年产量达 10 万吨。但板栗不耐贮运，每年因霉烂、生虫、失水、发芽造成的损失达总产量的 20%～30%。为此根据国内外市场需求，研制开发的含气调理保鲜板栗食品，有效地保持了板栗原有形状和色、香、味，为板栗产品的开发找到了一条新途径。

2. 材料和设备

板栗以粒大饱满、无虫眼、无霉变的成熟栗果为好。产品包装袋以三层透明复合袋（PET/Al/CPP）为好，封口强度 3kg/15mm 以上，氧气和空气透过率为零，并要求包装袋的表面平整，规格为 130mm×170mm。其他材料主要有食盐、柠檬酸、乙二胺四乙酸二钠盐、明矾、$CaCl_2$、$NaHSO_3$ 等，使用材料要符合食品添加剂的要求。

主要设备有全自动板栗脱壳机、自制振动筛选机、夹层锅、真空冷却红外线脱水机（V-CID）、真空充气包装机、自动程控含气调理杀菌锅等。

3. 工艺流程

板栗→分级筛选→机械脱壳→修整、护色→预煮→漂洗→减菌化除水→装袋→气调封口
　　　　　　成品←冷却←含气调理杀菌←检验←┘

4. 操作方法

（1）**原料选择与脱壳**　加工时应选择无虫眼、无霉变、颗粒饱满的成熟新鲜栗果为加工材料。将选择好的板栗用振动筛选机进行大小分级，分级后用全自动板栗脱壳机进行脱壳去皮。

（2）**护色**　将剥掉壳的栗子立即投入含 0.5％NaCl、0.3％柠檬酸、0.15％ $NaHSO_3$ 的复合护色液中进行护色，并及时用人工进行修整，以去除栗子上残留壳皮及霉烂病虫部分。

（3）**预煮**　为防止板栗在后加工发生褐变，影响产品质量，本工艺的预煮液组成为：0.3％柠檬酸＋0.2％明矾＋0.05％$CaCl_2$＋0.15％乙二胺四乙酸二钠盐。按 1∶1 的比例将修整漂洗后的栗子投入预煮液中，采用缓慢升温，分级预煮的方法，以 50℃升到 95℃约 40min 为限，直到基本煮透为准。

（4）**漂洗和除水**　用 40～50℃温水对预煮后的板栗进行充分漂洗至干净，最后逐级冷却至常温。冷却后的采用 V-CID 真空冷却红外线脱水机对板栗进行红外辐照和真空降压处理，以去除组织中的部分水分，减少原料携带的细菌数。

（5）**气调包装**　按每袋净重 250g 进行准确称重包装。采用国产真空充气包装机将袋内抽成真空后（真空度≥0.095MPa），再充入氮气，使其置换率达到 99％以上，并立即进行热熔封口。封口时间要短，以 2～2.5s 为宜，以封密、封牢、不漏气为原则。

（6）**含气调理杀菌**　用自动程控含气调理杀菌锅，采用多阶段升温，第一阶段进行烹饪调理，控制温度在 60～100℃，维持 30min，第二阶段进行杀菌，控制条件 115～125℃/8s。整个杀菌过程控制反压≥0.15MPa，并在反压状态下急速进行分段冷却至常温。

5. 产品质量

使用该技术生产的产品，栗子呈黄色或深黄色，同一袋内产品色泽较一致，具有果品应有的香、甜、糯等特点；栗子组织软硬适度，颗粒完整，半块率不超过 10％；同袋内大小均匀；微生物指标符合食品商业无菌的要求；保鲜期 6 个月，保质期 12 个月。

第四章 果蔬花卉产品的超微粉加工技术与应用

粉碎是食品工业中传统而又重要的单元操作之一，随着我国经济的快速发展，人们对食品的品质有了越来越高的要求，普通粉碎已经不能满足市场需求。超微粉碎具有适用范围广、速度快、可低温粉碎、粒径细、分布均匀、节约原料、提高利用率、减少污染、加快发酵与酶解等化学反应过程、提高人体对食物中营养成分的吸收率等优点，现已广泛应用于食品、医药、化工、染料、化妆品、电子、涂料、航空等领域。

超微粉碎（ultrafine powders）是 20 世纪 70 年代以后为适应现代高新技术的发展而产生的一种物料加工高新技术，与传统的粉碎、破碎、碾碎等加工技术相比，超微粉碎产品的粒度更加微小。物料颗粒的微细化使粉体的表面积和孔隙率增加，从而使超微粉体具有良好的吸附性、溶解性、分散性等多方面理化新特性。经过超微粉碎的物料食品有助于营养成分的溶出、机体的消化吸收及物质资源的充分利用。

果蔬粉加工对原料的要求不高。更为重要的是，它拓宽了果蔬原料的应用范围。果蔬加工过程中产生的残渣，大多被丢弃，造成了资源流失。利用超微粉碎技术可将其制成超微粉，不仅保留了果蔬的营养，改善了口感，还使其更易于消化吸收，充分利用了资源，简化了果蔬的贮藏与运输。此外，将果蔬超微粉当作配料加入烘焙制品、冷制品、饮料及奶制品等，可开发出多种营养丰富的新型食品。

第一节 超微粉碎技术的特点

一、超微粉碎的基本原理及性能

超微粉碎的原理与普通粉碎相同，只是细度要求更高，它利用外加机械力，使机械力转变成自由能，部分地破坏物质分子间的内聚力，来达到粉碎的目的。天然植物的机械粉碎过程，就是用机械方法来增加天然植物的表面积，表面积增加了，亦引起自由能的增加，但不稳定，因为自由能有趋向于最小的倾向，故微粉有重新结聚的倾向，使粉碎过程达到一种粉碎与结聚的动态平衡，于是粉碎便停止在一定阶段，不再向下进行，所以要采取措施阻止其结聚，以使粉碎顺利进行。

根据原料和成品颗粒的大小或粒度，粉碎可分为粗粉碎、细粉碎、微粉碎（超细粉碎）和超微粉碎4种类型，见表4-1。其中超微粉碎技术是利用各种特殊的粉碎设备，对物料进行碾磨、冲击、剪切等作用，从而克服固体物料内部凝聚力，达到使之破碎的单元操作。

表 4-1　粉碎的类型

粉碎类型	原料粒度/mm	成品粒度
粗粉碎	10～100	5～10mm
细粉碎	5～50	0.1～5mm
微粉碎	5～10	<100μm
超微粉碎	0.5～5	<10～25μm

天然植物在低温下其韧性出现均匀降低，虽没有明显的脆性转变点，但随着温度降低其脆性增加的规律是存在的，可找出一个脆性最大的低温范围。并且，物料在快速降温情况下，各部位由于不均匀收缩而产生内应力，极易引起薄弱部位破裂和龟裂，导致物料内部组织结合力降低，当受到一定的冲击时，极易破碎成细粉。

超微粉碎技术为细胞级粉碎，在粉碎过程中，物料受到强烈的正向挤压力和切向剪切力，细胞被挤压、剪切，细胞壁被撕裂，细胞被破碎成碎片或者被压破。物料内的各成分在粉碎的同时，被充分混匀。由于细胞壁完全被打破，细胞内的有效成分直接暴露出来，有利于细胞内的有效成分释放，所以比起一般的粉碎效果来说，其营养物质更易被人体吸收。

二、超微粉碎的加工特点

国内外对超微粉体目前尚无严格的统一定义，国外对粒径小于$3\mu m$的粉体称为超细粉体，通常分为微米级、亚微米级及纳米级。对于粒径大于$1\mu m$的粉体称为微米材料，而粒径小于$1\mu m$大于$0.1\mu m$的粉体称为亚微米，粒径处于$0.001\mu m$～$0.1\mu m$的粉体称为纳米材料。随着现代工业技术和科学技术开发的迅速发展，以及学科间的相互渗透，超微粉碎技术在传统的食品深加工方面的应用已越来越引起人们的关注。

超微粉碎技术主要有以下几个方面的特点。

一是粉碎速度快。在粉碎过程中不会产生局部过热现象，甚至可在低温状态下进行粉碎，速度快，瞬间即可完成，因而可最大限度地保留粉体的生物活性成分，有利于制成所需的高质量产品。

二是粒径细且分布均匀。超微粉碎可得到粒径分布均匀的超细粉，同时可在很大程度上增加微粉的比表面积，使其吸附性、溶解性等亦相应增大。

三是节省原料，提高利用率。物体经超微粉碎后，一般可直接用于制剂生产，而常规粉碎的产物仍需要一些中间环节才能达到直接用于生产的要求，很可能造成原料浪费。

四是减少污染。超微粉碎是在封闭系统下进行的，既可避免微粉污染周围环境，又可防止空气中的灰尘污染产品。

五是有利于机体对食品营养成分的吸收。经过超微粉碎的食品，由于其粒径非常小，营养物质不必经过较长的溶出过程就能释放出来，并且微粉体由于小而更容易吸附在小肠内壁，这样也加速了营养物质的释放速率，使食品在小肠内有足够的时间被吸收。由于超微粉体颗粒具有表面效应、体积效应、量子效应和宏观隧道效应等，使其对物质的吸附性较大，从而有利于物质的消化吸收。

三、超微粉碎方法

超微粉碎方法按照粉碎时物料的状态不同可分为干法粉碎、湿法粉碎和低温粉碎。干法粉碎有气流式、高频振动式、旋转球磨式、锤击式和自磨式等几种形式。湿法粉碎主要是采用搅拌磨、胶体磨和均质机对物料进行粉碎。

第二节　超微粉碎加工技术的设备

一、按工作原理分类

超微粉碎设备按其工作原理可分为气流式和机械式两大类。

1. 气流式粉碎设备

气流式粉碎设备利用转子线速度所产生的超高速气流，将产品加到超高速气流中，转子上设置若干交错排列的、能产生变速涡流的小室，形成高频振动，使产品的运动方向和速度瞬间产生剧烈变化，促使产品颗粒间急促撞击、摩擦，从而达到粉碎的目的。与普通机械式超微粉碎相比，气流粉碎可将产品粉碎得很细，粒度分布范围很窄，即粒度更均匀。又因为气体在喷嘴处膨胀可降温，粉碎过程不产生热量，所以粉碎温升很慢。这一特性对于低熔点和热敏性物料的超微粉碎特别重要。其缺点是能耗大，一般认为要高出其他粉碎方法数倍。

2. 机械式粉碎设备

机械式粉碎设备又分为球磨机、冲击式微粉碎机、胶体磨和超声波粉碎机四类。高频超声波是由超声波发生器和换能器产生的。超声波在待处理的物料中引起超声空化效应，由于超声波传播时产生疏密区，而负压可在介质中产生许多空腔，这些空腔随振动的高频压力变化而膨胀、爆炸，真空腔爆炸时能将物料震碎。同时由于超声波在液体中传播时产生剧烈的扰动作用，使颗粒产生很大的速度，从而相互碰撞或与容器碰撞而击碎液体中的固体颗粒或生物组织。超声粉碎后颗粒在 $4\mu m$ 以下，而且粒度分布均匀。

二、按加工物料及操作工艺不同分类

1. 高速机械冲击式微粉碎机

高速机械冲击式微粉碎机，主要应用的是立轴式微粉碎机，它是集粉碎与筛选分离于一身的微粉碎设备，可满足特种水产饲料的粉碎粒度要求。由于其粉碎室与分级室位于同一机体内部，可同时完成粉碎、风力筛选、分离、再粉碎过程，能有效地防止过粉碎。内藏高精度微米级风力分级，粉碎粒可达 $10\sim1000\mu m$，且可任意调节。被粉碎的物料升温低，特别适用于热敏性物料，适用于涂料、合成树脂、食品、医药品等软化点低的物质的粉碎。

2. 辊压式磨机

辊压式磨机的工作原理是，物料在一对相向旋转的轧辊之间流过，在液压装置施加的 $50\sim500$ MPa 压力的挤压下，物料约受到 200 kN 作用力，从而被粉碎，有高压式和立式等装置。目前我国非金属矿产材料的超细深加工普遍采用的是高速冲击粉碎机、雷蒙机、球磨机及流化床气流粉碎机，前三者存在着设备零部件磨损大、介质磨损易污染、物料及能量利用率不高等缺点，气流粉碎机虽然粉碎物料细度很好，但电耗太大，不经济，没法在非矿深加工领域推广。因此在非矿深加工领域迫切需要一种性能优秀的超微粉碎机，它必须具备设备耐磨不易损、粉碎能量利用率高、深加工细度好等优点。

3. 介质运动式磨机

运动式磨机，又称振动磨。TYM12-30L 型超微粉碎设备属于新型第四代振动磨，该设备采用振动粉碎的工作原理，在粉碎室中装填一定数量的研磨介质，如硬质材料的球、棒或柱，磨筒在外加激振力的作用下产生逆时针方向的圆振动，磨筒的强烈振动使磨筒内介质产生抛掷运动，在此抛掷运动的作用下，每个介质都产生了与圆振动同向的旋转运动，与此同时，介质群也产生 $3\sim5$ 周与圆振动反向的低频公转运动，于是介质时而散开，时而互相冲撞，对物料产生正向冲击力和侧向剪切力。物料在两种作用力的撞击、压缩和剪切作用下被研细、破壁粉碎。物料在粉碎过程中呈流态化，使每一个颗粒均具有相同的受力状态，在粉碎的同时达到精密混合（分散）的效果。

4. 气流粉碎机

气流粉碎机又称气流磨，是一种较成熟的粉碎设备。该设备利用高速气流 [300～500m/s，一般空气压力不小于 7～8kgf/cm² （1kgf/cm²＝98.0665kPa）] 或过热蒸汽（300～400℃）的能量使颗粒相互冲击、碰撞、摩擦，从而导致颗粒粉碎。在粉碎室中，颗粒之间碰撞频率远高于颗粒与器壁之间的碰撞，即气流磨中的主要粉碎作用是颗粒之间的冲击或碰撞。

5. 新型加工设备

（1）CZJ 自磨型超微粉碎机　CZJ 自磨型超微粉碎机是我国开发出的新产品，该机集卧式涡轮分级机和自转滚轮与磨盘组成的机械冲击式粉碎机于一体，具有能在不停机的情况下调节成品细度、能粉碎高硬度物料、粒度细而均匀、处理数量大、生产率高、能耗低、噪声小、产品品质好（不但能避铁，而且能提高物料细度）、使用可靠性高等特点。该设备的研制成功解决了高硬度非金属物料的超微粉碎难题，其主要技术性能处于国内领先水平，达到国外同类产品水平，可替代进口。不仅可应用于非金属矿，而且还广泛适用于含水量在 5％以下的纤维性物料的粉碎，并可在化工、医药、食品行业上进行各类高硬度材料的粉碎。

（2）QWJ 气流涡旋微粉机　为了改变国内尚无集粉碎与气流分级双重功能于一体的微粉碎机现状，满足市场对高档超微粉碎设备的需求，我国科研人员研制出了 QWJ 气流涡旋微粉机。它是一种立轴反射型粉碎机，能同时完成微粉碎和微粒分选两道加工工序，适合加工各行业莫氏硬度 4～5 级以下的多种物料，不停机可任意调节细度。其产品粒度均匀，细度高达 5～10μm，特别适合加工热塑性、纤维性物料，以及营养食品（如甲鱼、蛇类、肉类、可可、咖啡、香料、花生、大豆等）和饮料添加剂等物料。该气流涡旋微粉机除应用于食品工业外，还可广泛适用于化工、医药、饲料、塑料、橡胶、烟草、农药、非金属矿等行业的超细粉碎，是一种高细度、低噪声、高效率的节能理想型粉碎机。

（3）新型 WDJ 系列涡轮式粉碎机　新型 WDJ 系列涡轮式粉碎机也是我国研制出的新型粉碎设备，它采用高速旋转的涡轮和装在筛网圈上的磨块结构，在工艺上采用迷宫式密封措施，使该设备具有结构紧凑、运行平稳、产量高、粒度细、耗能低、噪声小、无污染、机械密封性能好等特点。可适用于化工、染料、颜料、助剂、饲料、食品、医药、塑料（PVC）、非金属矿等行业的中、低硬度物料的粉碎加工。

该设备运行时不用固定基地便可运行；在常温，不需要冷配的前提下，对聚乙烯等物料可进行连续性粉碎，自冷功能好，大大降低了生产成本；安装检修方便；特别是具有无粉尘污染，可改善操作环境的优点。同时，该机设计合理，结构新颖，技术经济指标先进，它的推广使用，具有重大的经济效益和社会效益。

（4）新型 GJF 干燥超微粉碎机 新型 GJF 干燥超微粉碎机是重点国家级火炬计划项目，同时该产品还是国家重点新产品。GJF 干燥粉碎机集干燥、超微粉碎、分级三重工艺于一体，成功地解决了含水量高的物料的超微粉碎难题，是粉体工程的重大突破，其技术处于国内领先水平。该设备所采用的三角形齿圈定子、带高速活动锤的转子结构以及带变速分散机构的双螺旋加料装置属国内首创。

第三节 果品的超微粉加工技术

果品成分复杂，多含易氧化、易热变性、易热分解的成分，如维生素、蛋白质、脂质、色素，果品也极易受到环境污染，此外如果粉碎时受热，还会出现黏附、固结等现象。将果品原料粉碎成微米级的粉末，直接添加到食品中，可提高食品的营养价值，改善色泽和风味，以及丰富食品的品种等。用果粉制作饮料，可保持新鲜果品的风味。超微粉碎技术应用于果蔬粉的加工，目前主要有板栗粉、苹果粉、马铃薯粉、南瓜粉、胡萝卜粉、大蒜粉、香菇粉、海带粉等产品的加工。

一、枣的超微粉加工技术

1. 应用说明

枣（*Ziziphus jujuba* Mill.），别称枣子、大枣、刺枣、贯枣。枣含有丰富的维生素 C、维生素 P，含蛋白质很多，每百克枣中含 120mg 左右。含糖量也很高，鲜枣为 20%～30%，干枣可高达 55%～80%。每百克含脂肪 20mg 左右。具有润心肺、止咳、补五脏、治虚损、和百药、除肠胃癖气的功效。

传统枣的深加工主要通过高温提取技术，制作果酱或果汁，然而在高温加工的过程中不仅枣果实中的营养物质被破坏，而且经过高温加工后，枣原本的香味也会发生改变，因而高温加工枣技术具有一定的劣势。超微粉碎技术可以在加工过程中控制温度，使操作过程中满足低温的条件，而且经超微粉碎处理后，枣粉分散性和溶解性增强，吸湿性降低，还原糖、黄酮、环磷酸腺苷溶出率增加，可明显促进机体对枣粉营养成分的吸收。

2. 材料及设备

新鲜无病虫害的干枣；恒温水浴锅、低温真空干燥机、灭菌机、离心机等。

3. 操作流程

新鲜干枣→挑选→清洗→预煮→打浆→研磨→过滤→分离→灭菌

成品←包装←喷雾干燥←杀菌←浓缩←┘

4. 工艺操作要点

① 挑选无病虫害和无霉烂的干枣为原料，进行清洗备用。

② 切成小碎块，并去除果核，在95℃下预煮3min，以灭活枣果实中的酶。

③ 将灭活后的果实进行打浆并进行初步研磨。

④ 采用热水浸提，料水比为1∶5，在90℃温度下浸提3min，然后用100目筛过滤得枣汁，然后经过离心机分离，再经过无机陶瓷膜过滤后杀菌贮藏。

⑤ 采用三效浓缩设备，对枣汁进行低温浓缩。

⑥ 配料。采用高剪切配料罐将杀菌后的枣汁、纯净水和载体充分混匀。

⑦ 喷雾干燥。采用电动高速离心喷雾干燥机进行喷雾干燥，包装即得成品。

二、柿子的超微粉加工技术

1. 应用说明

柿子（*Diospyros kaki* L. f），又称朱果、米果、猴枣。含有丰富的蔗糖、葡萄糖、果糖、蛋白质、胡萝卜素、维生素C、瓜氨酸、碘、钙、磷、铁、锌。柿子富含果胶，它是一种水溶性的膳食纤维，有良好的润肠通便作用，对于纠正便秘、保持肠道正常菌群生长等有很好的作用。

柿子不易贮藏保鲜，尤其是成熟的柿子，不能存放太久，极易腐烂霉变，经过超微粉碎后的柿子粉却可以保存比较久，可在不降低营养价值的前提下，满足人们的需求。

2. 材料及设备

新鲜柿子；真空冷冻干燥机、激光粒度仪、植物粉碎机、气流粉碎机等。

3. 操作流程

鲜柿子(七八成熟)→脱涩→清洗→切分→冻结→干燥→粗粉碎→细粉碎

成品←超微粉碎←过滤←┘

4. 工艺操作要点

① 选用七八成熟的新鲜柿子，用温水进行脱涩，然后清洗干净，切分成小块，进行速冻。

② 将切分好的柿子放在干净的真空冷冻干燥机中进行冷冻干燥，温度应设置在共晶点温度以下5～10℃，使其完全冻结、冻透。

③ 在温度低于柿子共融点温度以下抽真空、加热，开始升华干燥，维持该

过程使柿子冰晶全部升华。

④ 将物料中部分未冻结的结合水通过蒸发除去，该过程保持物料温度在崩解温度的最高允许温度下。当物料残余水分达到 3％～5％时，结束冻干过程，得到冻干柿子粒。

⑤ 将冻干柿子粒放入植物粉碎机中进行粗粉碎，然后将卸出的粗粉进行细粉碎。

⑥ 将细粉碎后的柿子粉过筛，然后装入气流粉碎机中进行超微粉碎，得到冻干柿子超微粉。

5. 注意事项

用电阻法测得柿子的共晶点在−11～−14℃，共融点温度为−13～−10℃，注意操作过程中温度的选择。

物料厚度会影响冷冻及干燥时间。当物料厚度为 10～15mm 时，预冻温度设置在−20～−25℃，预冻速率以 0.03～0.05h/mm 为宜。

物料温度为−20～−25℃，而干燥舱温度要略低于物料温度 1～2℃。为防止物料崩解融化、表面烧焦或变形，加热板温度控制在 25℃为宜。

第四节　蔬菜的超微粉加工技术

我国是果蔬生产和消费的世界第一大国，在国际果蔬交易中占据非常重要的地位，但是由于蔬菜具有很强的季节性，并且不易贮藏，这就使得蔬菜市场出现部分空档期，不能满足人们的需求，此时，超微粉碎技术就很好地弥补了蔬菜市场的不足。采用超微粉碎技术，不仅保持了蔬菜的原有价值，而且蔬菜经过超微粉碎后，更易被人体消化吸收，同时将不同的蔬菜粉体进行合适的配比，可以满足一些特殊人群的需要，具有一定的开发价值。

一、胡萝卜的超微粉加工技术

1. 应用说明

胡萝卜（*Daucus carota* L.）是双子叶植物纲伞形科萝卜属草本植物，它的肉质根可食用，在春季及冬季是主要的蔬菜之一，营养丰富，又被人们称为"小人参"。胡萝卜在我国广泛种植，栽培历史有 600 年以上。胡萝卜种植范围广，易贮藏，营养价值很高，含有丰富的稳定性及色泽好的红橙色胡萝卜素和糖、钾、钙、磷、铁等营养成分，具有益肝明目、利膈宽肠、健脾除疳、增强免疫功能、降糖降脂等功效。

近几年来，果蔬干燥制粉是其加工及贮藏的一种趋势。干燥制粉水分含量低，微生物不能够生长繁殖，酶的活性也会得到抑制，包装、运输、贮藏等方面的费用大大降低，腐烂所导致的损失也大幅减少。可食用部分均可以用来制作果蔬粉，因此果蔬粉对原材料要求不高，果蔬原料的适用范围得到了拓宽。

2. 材料及设备

从市场上购买新鲜、无病虫害、无污染的胡萝卜，测得含水率为 87.5% 左右。

电热鼓风干燥箱、电子天平、水分测定仪、星式球磨机、激光粒度测定仪、电子显微镜和植物组织粉碎机等。

3. 操作流程

胡萝卜→清洗→去皮→切片→烘干→称重→水分含量测定→调整水分含量
检测←超微粉碎←粗粉碎←┘

4. 工艺操作要点

① 将胡萝卜洗净晾干，切成 5mm×5mm×5mm 的小方块，取处理好的胡萝卜丁 300g 采用热风干燥方式干燥，于 50℃干燥 6h，将其水分烘干至安全含水率以下（水分含量<13%）。

② 将烘干后的胡萝卜在通风干燥的环境下，用植物组织粉碎机制成粗粉，粗粉要求全部通过 20 目筛网。

③ 将粗粉碎的物料于 240r/min 下进行粉碎，粉碎时间为 3～3.5h，得到超微粉。

④ 将上步得到的胡萝卜粉体取 0.1g 倒入 50mL 烧杯中，加入 40mL 蒸馏水溶解，取一滴滴在载玻片上，用电子显微镜进行粒径分析。

二、茶树菇的超微粉加工技术

1. 应用说明

茶树菇（*Agrocybe aegirit*）菌盖直径 5～10cm，表面平滑，呈暗红褐色，有浅皱纹，菌肉（除表面和菌柄基部之外）白色，有纤维状条纹，中实。茶树菇营养丰富，蛋白质含量高达 19.55%。所含蛋白质中有 18 种氨基酸，是一种高蛋白，低脂肪，无污染，无药害，集营养、保健、理疗于一身的纯天然食用菌。

近年来由于茶树菇的营养价值被越来越多的人所了解，使得市场上茶树菇的需求量也越来越大，然而成熟后的茶树菇不耐贮藏，随着时间的延长，菇体会逐渐腐烂变质，影响其价值，因而将其进行深加工，可以在保留其原有营养的情况下，延长其保存期。下面以茶树菇的超微粉体加工为例介绍茶树菇深加工技术。

2. 材料与设备

市售新鲜茶树菇；破碎机，精细粉碎机、电热恒温鼓风干燥箱、恒温水浴锅、激光粒度分析仪、高速清洗机、切菜机、水分测定仪等。

3. 工艺流程

鲜茶树菇→清洗→烫漂→烘干→粗粉碎→超微粉碎→粒度检测→包装→成品

4. 工艺操作要点

（1）前处理　选择菇体棕色，粗细、大小一致，且略带清香的茶树菇，先用温水浸泡一段时间，然后用毛刷轻轻刷洗，直到清洗的水不再浑浊为止，将清洗后的茶树菇切成 5mm 左右的薄片，备用。

（2）烫漂　将切好的茶树菇倒入沸腾的清水中浸泡，以水的表面没过物料为宜。浸泡结束后，应迅速将菇体捞出，并于流动的自来水中冲洗至室温，以减少余温对产品品质的影响，然后沥干水分，均匀地平铺于物料盘中，等待干燥。

（3）烘干　将物料盘放入电热恒温鼓风干燥箱中进行干燥，初始温度设定为 40℃，后每隔 1h 升温 10℃，烘干过程中，可以不定时地用水分测定仪测试物料中心的含水量，当含水量达到 10％左右时，干燥过程可以结束。

（4）粗粉碎　将烘干后的物料置于粉碎机中，进行初步的粉碎加工，要求粉碎后的产品能够通过 20 目网筛。

（5）超微粉碎　将粗粉碎的产物倒入精细粉碎机中进行二次粉碎，按照粉碎机的要求设置各种参数。

（6）粒度检测　将上步得到的茶树菇粉体均匀混合，然后取部分进行激光粒度检测，若检测合格，则可以进行包装贮藏，反之则需进一步加工。

三、蒲公英的超微粉加工技术

1. 应用说明

蒲公英（*Taraxacum mongolicum*）别名黄花地丁、婆婆丁、华花郎等，多生于道边、地边、山坡及田间，喜光耐寒。早春 3～4 月间可采食，别有风味。蒲公英含有蛋白质、脂肪、碳水化合物、微量元素及维生素等，有利尿、缓泻、退黄疸、利胆等功效，是生产一些药物的主要成分，国家卫健委已将蒲公英列入药食两用品种。将蒲公英进行超微粉碎，可使其细胞破壁，使有效成分溶出，从而可充分发挥其药用效果。

2. 材料与设备

新鲜蒲公英；高速清洗机、粉碎机、电热恒温鼓风干燥箱、JGM-T50 型对撞式气流粉碎机等。

3. 工艺流程

原料→挑选→清洗→烫漂→护色→冲洗→干燥→粗粉碎→过筛→细粉碎

4. 工艺操作要点

选取刚刚采摘的新鲜蒲公英，从中剔除生长不良、色泽不好的部分，用清水冲洗干净，然后进行护色，即在水温 85～90℃烫漂 2～4min 后，在一定浓度的 Zn^{2+} 复绿液中复绿，即使经过长时间的保存仍能保持较好的成色。复绿完成后，用流动的清水洗去护色液，备用。

清洗后的蒲公英，沥干水分，然后用电热恒温鼓风干燥箱进行干燥，干燥结束后，用粉碎机进行常规粉碎，要求常规粉碎的产物能够通过 80 目筛，得蒲公英粗粉，然后取粗粉置于对撞式气流粉碎机中粉碎（耗气量 $0.93m^3/min$；压力 $0.8MPa$；粒径 $7\mu m$），得蒲公英超微粉体。

第五章 果蔬花卉产品的真空冷冻干燥技术与应用

05 Chapter

冷冻干燥技术起源于 20 世纪 30 年代，我国在 20 世纪 50 年代引进真空冷冻干燥技术，到 90 年代才开始蓬勃发展。我国的冻干食品虽然起步较晚，但是也开展了对一些产品进行真空冷冻干燥工艺方面的研究，而且在香菇、苹果、芦笋等的冻干工艺上取得了较好的成果。

真空冷冻干燥技术只有物理的变化，不需使用任何防腐剂，能够保证食品原有的"绿色"，因而应用范围非常广泛，只要是含水、无毒、无腐蚀性的物质都可以运用冻干技术将其制成干品。几乎所有的农副产品，如肉、禽、蛋、水产品、蔬菜、瓜果等都可以制成冻干食品，药品、生物制品等也都可使用冻干技术制成脱水制品。冻干食品正广泛应用于方便食品、汤料加工、速溶饮品、营养保健品以及军需、野外作业、登山、宇航等特殊行业。

在所有的食品保鲜、贮存方法中，真空冷冻干燥技术的发展前途最为宽广，冻干食品定能成为未来世界食品体系的重要组成部分之一。冻干食品及其综合开发产品具有巨大的市场前景，在目前提倡绿色生产、健康消费的环境下，重点研究真空冷冻干燥技术具有重要的战略意义。

第一节 真空冷冻干燥技术的原理

冷冻干燥是指通过升华从冻结的生物产品中去除水分或其他溶剂的过程。升华指的是溶剂如水像干冰一样不经过液态从固态直接变为气态的过程。冷冻干燥得到的产物称作冻干物，该过程称作冻干。

传统的干燥会引起材料皱缩破坏细胞。在冰冻干燥过程中样品的结构不会被破坏，因为固体成分被在其位置上的坚冰支持着。在冰升华时它会留下孔隙在干燥的剩余物质里。这样就保留了产品的生物和化学结构及其活性的完整性。

真空冷冻干燥技术是在低温和真空状态下进行的，其加工过程处于基本无氧和完全避光的环境中，食品中的成分不会发生剧烈的化学反应，因此，真空冷冻干燥得到的产品保持了新鲜食品所具有的色泽、香气、味道、形状，并有效地保存了食品中的各种维生素、碳水化合物和蛋白质等营养成分。

一、基本原理

真空冷冻干燥的原理是利用水分升华来除去水分，即将物料中的水预先冻结成固态冰，在较高的真空度下，水的沸点与冰点重合使预先冻结的物料中的水分不经过冰的融化而直接以冰态升华为水蒸气被除去，从而使物料在低温状态下被迅速干燥。从水的相图上看，水的三相点压力是610.5Pa，温度为0.0098℃。三相点以下的水只有固态和气态，相变只发生在这两相之间，固态的水可以通过吸收外部提供的热能，无需经过液态直接升华为水蒸气从物料中逸出，实现脱水。因此真空冷冻干燥又被称为升华干燥。从理论上说真空冷冻干燥的操作区域只需要在水的三相点以下即可，但实际操作的条件要苛刻很多，通常在0.5~1Torr（1Torr=133.322Pa）的真空度和-25℃左右的温度下，才能保证冷冻干燥的顺利进行。

果蔬真空冷冻干燥是将含水果蔬低温冻结后，在适当的温度和真空度下，使果蔬内部的冰晶直接升华为水蒸气并逸出，从而获得果蔬干制品的过程。在低温冻结阶段，细胞间隙中的水分先被冻结形成冰晶，造成其周围附近溶液的浓度增大，就会和细胞内的汁液产生浓度差，进而形成渗透压差，在此渗透压差和细胞间隙不断增大的冰晶体的挤压下，细胞内的水分不断向外界扩散，聚集在冰晶体的周围，形成饱和状态，孔隙度为0。进入升华、解吸干燥阶段，如图5-1所示，上、下加热板把热量传递到果蔬表面，再将热量传递到升华界面。升华干燥从果蔬外表面逐步向内部推进，冰晶升华后的区域为干燥层，干燥层与冻结层的分界面为升华界面。随着干燥的进行果蔬的干燥层不断增大，冻结层逐渐缩小，冰晶升华后干燥层呈多孔海绵结构，当冻结层厚度为0时，升华界面完全消失，升华干燥结束。果蔬中初始含水率的90%都在升华干燥过程由冰晶升华而去除，而且冰晶升华后物料的物理结构不改变，化学结构变化也很小，因此在真空冷冻干燥后果蔬原有的骨架结构基本不变，孔隙度只是随着干燥使水分扩散运移消失而变化。升华干燥结束后，解析干燥开始，多孔性结构的基质内还残留少量水分，这部分水分在解析干燥过程去除，这个阶段对孔隙度的影响可忽略。

二、工艺流程

（1）冷冻阶段 冷冻干燥首先要把原料进行冻结，使原料中的水变成冰，为下阶段的升华做好准备。冻结温度的高低及冻结速度是控制目的，温度要达到物

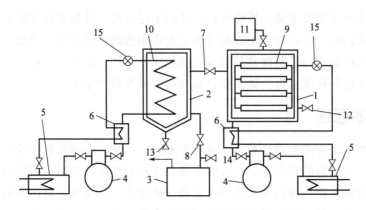

图 5-1　真空冷冻干燥系统简图

1—冷冻干燥室；2—低温冷凝器（冷阱）；3—真空泵；4—制冷压缩机；

5—水冷却器；6—热交换器；7,8,12～14—阀门；9—搁板及温度指示；

10—低温冷凝器内温度指示；11—真空计；15—膨胀阀

料的冻结点以下，不同的物料其冻结点各不相同。冻结速度的快慢直接关系到物料中冰晶颗粒的大小，冰晶颗粒的大小与固态物料的结构及升华速率有直接关联。一般情况下要求 1～3h 完成物料的冻结，进入升华阶段。

（2）升华阶段　升华干燥是冷冻干燥的主要过程，其目的是将物料中的冰全部气化移走，整个过程中不允许冰出现融化，否则便告冻干失败。升华的两个基本条件：一是保证冰不融化；二是冰周围的水蒸气压必须低于 610Pa（正确的说法应是低于物料冻结点的饱和蒸气压）。升华干燥一方面要不断移走水蒸气，使水蒸气压低于要求的饱和蒸气压；另一方面为加快干燥速度，要连续不断地提供维持升华所需的热量，这便需要对水蒸气压和供热温度进行最优化控制，以保证升华干燥能快速、低能耗完成。

（3）解析干燥　物料中所有的冰晶升华干燥后，物料内留下许多空穴，但物料的基质内还留有残余的未冻结水分（它们以结合水和玻璃态形式存在）。解析干燥就是要把残余的未冻结水分除去，最终得到干燥物料。

（4）冻干过程　处理好的物料→速冻（时间快慢对冻干品质量有影响，1～3h 完成）→抽真空至一定的工作点（时间 5～40min）→升华干燥（按工艺曲线加热、保持真空度，此阶段最复杂，时间最长）→冻干结束（判断冻干结束点）→出料。

速冻原料经过挑选、漂洗、整形、放盘等前道工艺后，便可以进入冻干阶段。冻干的第一步必须对冻干物料进行速冻，即把放了物料的料盘置于冻干机中进行速冻（有的冻干机不带速冻功能，要另配速冻机）。

速冻工艺有以下几种：

① 浸泡法：将物料浸泡于液氮、液态氟利昂、低温盐水等介质中进行快速

冻结。

②　风冷法：对物料吹低温冷风，使物料在规定的时间内冻结到一定的温度。

③　直冷法：将制冷剂或冷媒置于蒸发排管中，吸收物料的热量达到制冷目的。

④　真空制冷法：利用抽真空使物料中水分蒸发同时带走热量，以冷却物料达到制冷目的。

不管采取何种方式，都应该保证物料在基本不变形的前提下在规定时间内冻结到一定的温度。

真空保持：为保证物料中的冰不融化而直接气化（升华），并不断移走气体，保证升华正常进行，必须使箱内真空度低于某一温度下冰的饱和蒸气压（610Pa以下）。

加热方式：随着冰不断升华以及气体的移走，物料的热量也被带走，物料温度（冰温）持续走低，从而引起冰的饱和蒸气压降低，升华速率放慢。为保持一定的升华速率就必须不断给物料补充热量。热量补充太少会降低升华速率，热量补充太多会引起冰的融化，导致物料塌陷冻干失败。加热方式有以下几种：

①微波加热法；②接触加热法；③辐照加热法；④接触、辐照混合加热法。②、③、④三种方法都利用加热搁板进行，其加热介质有蒸汽、油、424介质，424介质既可当加热介质又可以做制冷媒体（速冻时）。

由于冻干过程较复杂，且工作状态范围较窄，稍有不慎便会造成冻干品质量下降，因此要求采用自控系统。冻干机自控系统设计要求操作简便，从物料放入按钮开机，到速冻真空升华干燥一气呵成，提示冻干完成后关机出料。有关的温度、压力控制点要精心选择、合理控制，速冻、真空保持、加热的关联应控制恰当，针对不同的物料设置不同的工艺曲线。

一些蔬菜经过较长时间的贮藏，不仅风味品质会明显下降，固有香气也会减弱。共晶点对于果蔬的冷冻干燥工艺中的预冻过程是非常重要的一个控制点。因为在对物料进行真空冷冻干燥处理时，首先要进行预冻处理，而预冻温度必须低于共晶点才能全部冻结。因此，共晶点的测定是研究果蔬真空冷冻干燥的重要环节。若预冻处理温度达不到共晶点的要求时，部分液体就会存在果蔬中，在真空下不仅会迅速蒸发，造成液体的浓缩使冻干产品的体积缩小；而且溶解在水中的气体在真空下会迅速冒出来，造成像液体沸腾的样子，使冻干产品鼓泡。为此冻干产品在升华开始时必须冷冻到共熔点以下的温度，使冻干产品真正全部冻结。

在冻结过程中，从外表的观察来确定产品是否完全冻结成固体是不可能的；靠丈量温度也无法确定产品内部的结构状态。而随着产品结构发生变化时测量电性能的变化是极为有用的，特别是在冻结时电阻率的测量能使我们知道冻结是在进行还是已经完成了，全部冻结后电阻率将非常大。因为溶液是离子导电，冻结时离子将固定不能运动，因此电阻率明显增大。而有少量液体存在时电阻率将明显下降。因此测量产品的电阻率将能确定产品的共熔点。

正规的共熔点测量法是将一对白金电极浸进液体产品之中，并在产品中插一温度计，把它们冷却到−40℃以下的低温，然后将冻结产品慢慢升温。用惠斯顿电桥来测量其电阻，当发生电阻忽然降低时，这时的温度即为产品的共熔点。电桥要用交流电供电，由于直流电会发生电解作用，整个过程由仪表记录。

待温度计降至0℃之后即开始测量并作记录。把万用表的转换开关放在测量电阻的最高档（×1K 或×10K）。由于万用表内使用的是直流电，为了防止电解作用，在每次测量完之后要把开关立即关掉，把每一次测量的温度和电阻数值逐一记录下来。开始时电阻值很小，以后逐步增高。到某一温度时电阻忽然增大，几乎是无穷大，这时的温度值便是共融点数值，表 5-1 为一些物质的共融点。

表 5-1　部分物质的共融点

物质	共融点/℃
0.85％氯化钠溶液	−22
10％蔗糖溶液	−26
40％蔗糖溶液	−33
10％葡萄糖溶液	−27
2％明胶、10％葡萄糖溶液	−32
2％明胶、10％蔗糖溶液	−19
10％蔗糖溶液、10％葡萄糖溶液、0.85％氯化钠溶液	−36
脱脂牛奶	−26
马血清	−35

三、真空冷冻干燥技术的特点

真空冷冻干燥法是目前所有干燥方法中最先进的一种技术，是无需任何添加剂和防腐剂，能够保持新鲜食品原有的生物活性及有效成分的最佳冷干和保鲜技术。从技术工艺上来说具有以下特点。

1. 营养成分基本保持不变

由于食品处于低温、低氧、避光等环境中加工，因此，无论是碳水化合物、脂肪、蛋白质或者维生素，其损耗都小，特别是对那些热敏性物质更为突出。

2. 保持原有新鲜食品的形态

食品中的水分由冰转变为水蒸气，根据平衡原理，供给冰结晶升华的热量，只能使冰升华，不会导致物料温度升高，所以，食品不会发生干缩和干裂现象。

另外，食品中的水分在干燥之前，已冻结成冰晶，溶于水中的无机盐被均匀地分配在食品中。当冰晶升华时，无机盐不会随水蒸气而被带到食品表面，所以，冷冻干燥不会产生"表面硬化"现象。

3. 色泽保持不变

在冻结过程中，食品的温度非常低，酶的活性很小，并且，又在高真空状态下干燥，即氧气的含量极低。因此，冻结干燥的产品，产生酶褐变和非酶褐变的程度都很低。所以，冻结干燥的食品，几乎保持了原来的色泽。

4. 风味基本保持不变

因干燥温度很低，风味物质损失少，基本保持了原产品的风味。如冷冻干燥的韭菜、香菜，复水后分别具有韭菜、香菜的风味，而热力干燥的韭菜、香菜，复水后风味很淡。

5. 复水性极佳

冷冻干燥食品的多孔性是由于在干燥时，食品的形态固定不变，冰升华后留下的孔隙造成的。这种结构是海绵状多孔结构，孔多且分布均匀，并无堵塞，因此复水性好，可以在几秒钟之内恢复到冻干前状态。

6. 保存方便，便于运输

冻干食品应进行真空包装或真空充惰气包装，冻干食品可以在常温下长期贮藏，不需要复杂的冷链，且重量轻，便于运输。

第二节　真空冷冻干燥技术的设备

一、真空冷冻干燥装置系统

冻干食品生产最主要的设备为食品用真空冷冻干燥机组，整组设备是由一台或多台冻干机与相应的制冷系统、真空系统、热媒循环加热系统及电气控制系统组成的。

1. 制冷系统

冻干用冷源包括两部分：预冻结用冷和蒸汽捕集器用冷。预冻是将处理好的物料速冻至心部温度$-25℃$；为了捕获升华的水蒸气，需要不断地为蒸汽捕集器提供足够的冷量。冷冻机可以是互相独立的两套，也可以是一套。冷冻机的功用是对冻干箱和冷凝器进行制冷，以产生和维持它们工作时所需的低温，它有直接制冷和间接制冷两种方式。

2. 真空系统

冻干箱、冷凝器、真空管道和阀门，再加上真空泵，便构成了冻干机的真空系统。真空系统要求没有漏气现象，真空泵是真空系统建立真空的重要部件。真空系统对于产品的迅速升华干燥是必不可少的。它由两套抽空机组和一套维持机组组成，抽空机组可在 15min 以内将干燥舱内的真空度从大气压抽至 133 Pa，可避免物料表面融化；维持机组确保在整个冻干过程中，舱内真空度维持在 13～133Pa 工艺所要求的真空度。

3. 热媒循环加热系统

该系统由一个热媒加热罐和一套热媒循环温控回路组成，向舱体内的加热板供热，并根据不同的冻干工艺曲线精确控制加热板温度，控温范围为常温至 120℃。热媒在该系统内处于封闭循环，由热媒泵驱动。加热系统对于不同的冻干机有不同的加热方式。有的利用直接电加热法；有的则利用中间介质来进行加热，由一台泵使中间介质不断循环。加热系统的作用是对冻干箱内的产品进行加热，以使产品内的水分不断升华，并达到规定的残余水分要求。可编程智能温度调节器可存储多种食品冻干曲线，并可根据冻干工艺曲线自动控温。

4. 电气控制系统

电气控制系统的功能是对冻干机的各个重要参数进行测量、显示和记录，并根据预制的冻干工艺曲线，驱动各系统执行元件，对冻干过程进行精确控制，对所发生的故障报警且自动实施应急处理。控制系统由控制柜和测量变送元件组成，用于干燥过程电气设备控制测量、控制、记录、报警和监测。

采用彩色触摸屏显示和控制冻干过程中的真空度、加热板温度、物品温度、物品重量和蒸汽捕集器温度等数据，在触摸屏上实时显示，并将整个冻干过程的各项数据存储记忆在其内部，作为生产过程记录备查。特别是称重装置，可使操作者直接有效地在线观察和判断物料的干燥程度。在触摸屏上可进行手动操作，在系统运行过程中，能随时在触摸屏上修改和设置控制参数。触摸屏能显示设备工作状态和系统流程，系统出故障时能报警并立即实施保护。

可编程智能温控仪表可存储多种食品冻干工艺曲线，根据不同物料可方便地选择相应的冻干曲线。在冻干过程中，把产品和板层的温度、冷凝器温度和真空度对照时间画成曲线，即为冻干曲线。一般以温度为纵坐标，时间为横坐标。冻干不同的产品采用不同的冻干曲线。同一产品使用不同的冻干曲线时，产品的质量也不相同，冻干曲线还与冻干机的性能有关。因此不同的产品，不同的冻干机应用不同的冻干曲线。图 5-2 是冻干曲线示意图（其中没有冷凝器的温度曲线和真空度曲线）。

国内科技工作者已经成功研制出系列真空冷冻干燥设备，为发展我国真空冷冻干燥技术奠定了良好的基础。随着国际市场对冻干食品需求量的不断增加和我国加入世贸组织以及人民生活水平的逐渐提高，冻干食品在国内将具有广阔的发展前景，冻干设备也将会有长足的发展。

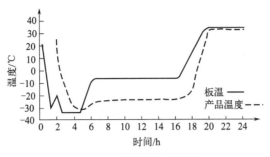

图 5-2　冻干曲线示意图

二、真空冷冻干燥装置类型

按设备运行方式可以分为连续式冷冻干燥装置和间歇式冷冻干燥装置，应根据具体情况选择相应的设备。

1. 连续式冷冻干燥设备

国内外开始探索和使用连续式真空冷冻干燥设备。连续式设备的特点是适于品种单一而产量庞大、原料充足的产品生产，特别适合浆状和颗粒状制品的生产。连续式设备容易实现自动化控制，简化了人工操作和管理，其主要缺点是成本高。

2. 间歇式冷冻干燥设备

适用于多品种、中小批量的药品和食品生产，特别是适合季节性强的食品生产；间歇式冷冻干燥设备是单机操作类型，如果一台设备发生故障，不会影响其他设备的正常运行；由于是单机操作，便于设备的加工制造和维修保养；便于控制干燥时不同阶段对加热温度和真空度的要求。其缺点是：由于装料、卸料和启动等预备性操作，使设备的利用率较低，能量浪费大；对于较大产量的生产要求，往往需要多台单机，且各单机均需配以整套的附属系统。

第三节　果品的真空冷冻干燥技术

一、荔枝的真空冷冻干燥技术

1. 应用说明

荔枝（*Litchi chinensis* Sonn.），是华南的重要水果农作物，每年产量超过一百万吨，可食用部分占 73%，所含营养丰富，能提高免疫力，被称为滋补佳品。荔枝果肉晶莹剔透，含水量大，不适宜长期保存，而若将荔枝加工成冻干品，则能贮藏很久。

2. 材料与设备

成熟的新鲜荔枝；高速组织捣碎机、糖量仪、真空包装机、冻干机、真空泵、分析天平、电热恒温鼓风干燥箱、超声波清洗器等。

3. 操作流程

荔枝→挑选→剪掉枝叶→清洗→沥干水分→剥皮去核→切分→护色→冷冻
包装←产品分析←解析干燥←升华干燥←抽真空←┘

4. 工艺操作要点

① 挑选新鲜的荔枝，去除枝叶，清洗干净，然后沥干水分，剥皮去核，并切成适宜大小的块儿，备用。

② 将切好的荔枝块儿迅速置于柠檬酸护色液中浸泡 20min，然后淋干，进行护色处理。

③ 将护色后的荔枝块儿以适宜的厚度平铺于物料盘中，装入冻干机进行冷冻。为保证冷冻彻底，待温度达到荔枝的共晶点以下后，持续半小时。

④ 将冻透的荔枝移入真空泵，抽真空。

⑤ 然后将抽真空的荔枝运入干燥舱，设定适宜的压力及温度等指标，加热板前期温度 70～90℃，后期调整为 65～55℃，持续干燥，使得终产物的水分含量控制在 4%～5%。

⑥ 对出炉的荔枝冻干品进行分析，例如外观形态的保持情况、色泽等。

⑦ 成品。冻干后的荔枝肉外观形状基本不变，断面呈多孔海绵样疏松状，且保持了新鲜荔枝原有的形状、颜色、味道，并且较大程度地保留了荔枝的营养成分。冻干荔枝无论是外观还是内在质量都远远超过传统干制方法加工的荔枝干，并且复水较快，复水后芳香气更为强烈，复水后的冻干荔枝接近新鲜荔枝的风味。

5. 特别说明

在对荔枝进行冻干处理之前，应清楚荔枝的共晶点和共融点，避免在具体操作中对产品质量和品质造成影响。

新鲜的荔枝果肉富含单宁等物质，为了保持冻干品的品质，应对其进行护色处理，避免处理过程中因酶促褐变而引起变红的现象。

二、草莓的真空冷冻干燥技术

1. 应用说明

草莓（*Fragaria ananassa* Duch），营养丰富，具有明目养肝的作用，有助于消化、大便通畅。草莓的营养成分容易被人体消化、吸收，多吃也不会受凉或上火，是老少皆宜的健康食品。草莓是鞣酸含量丰富的植物，在体内可吸附和阻止致癌化学物质的吸收，具有防癌作用。

新鲜草莓很易坏，很小的碰撞也会让它受伤变坏，还会污染其他的草莓。草莓是很"娇贵"的，常温保存时间约为 2d，这限制了草莓的大规模发展，而且由于其不耐贮藏，导致其货架期也很短，因而发展草莓的深加工产品，具有一定的经济价值。

2. 材料与设备

市售新鲜草莓；真空泵、切片机、冷冻机、电热恒温鼓风干燥箱、温度计、水分测定仪等。

3. 操作流程

草莓→去叶→清洗→沥干水分→回软→切片→铺盘→冷冻→抽真空
设备清洗←无菌包装←干燥←┘

4. 工艺操作要点

① 新鲜草莓去除叶片等杂质，用清水洗净，切成均匀的草莓片。新鲜草莓皮薄多汁，切片时易碎、流汁，速冻、冻干后会结团，碎片多。本工艺采用单体速冻的草莓粒在（−10±2)℃条件下冷藏48h回软后切片、铺盘、速冻、冻干。

② 切片前将速冻好的草莓粒移到（−10±2)℃冷藏库冷藏48h回软。要注意控制好库温和时间，温度太高时间太长，草莓太软，切片时会软烂，成型不好；温度太低时间太短，草莓太硬容易损伤刀具，切片易碎，碎屑多。

③ 采用切片机进行切片，切片规格6~7mm，切片必须在−10~−5℃的冷藏库内进行，注意保持库温稳定，防止草莓片解冻粘连在一起。

④ 切片后快速铺盘、速冻。铺盘重量为12~14kg/m² 左右，厚度为25~30mm。

⑤ 铺盘后的草莓片移到速冻库速冻至草莓的共晶点温度以下，共晶点温度是指物料完全冻结时的温度。据资料介绍，草莓的共晶点温度为−15℃，一般预冻温度要比共晶点温度低5~10℃，即草莓宜预冻到−25℃，维持2h左右。

⑥ 将速冻好的草莓片移到干燥槽内，然后抽真空至40Pa左右开始加热升华干燥。升华干燥是真空冷冻干燥过程中最重要的工序，升华过程中需要不断补充升华潜热，并保证升华界面的温度低于共融点温度以下，共融点是指完全冻结的物料在加热过程中其冰晶体刚出现融化的温度。所以冻干升华阶段加热温度的控制原则是，尽量使升华温度接近其共融点，但又必须低于共融点。升华的产品如果低于共融点温度过多，则升华的速率降低，升华阶段的时间会延长；如果高于共融点温度，则产品会发生融化，干燥后的产品将发生体积缩小、出现气泡、颜色加深、复水困难等现象。冻干热量传递途径是外热经辐照至物料表面，然后热量再由物料表层以传导方式传到升华界面。干燥初期升华界面在物料表面，热量极易供给，只要在保证物料不解冻的前提下，尽量提高加热温度，增加热量供给，使干燥室与冷凝室的蒸气压差增大即可加快干燥速率。冻干升华阶段媒体温

度控制在100℃，时间5h，真空度控制在150Pa以下。随着干燥不断深入，升华界面后移，此时热量的供给须经干层传导到升华界面，为保证产品品质，此时须降低加热温度，在保证不损伤已干层情况下，将热量渗透传导到升华界面。

⑦ 升华干燥结束后，立刻将冻干草莓片移入无菌室内，进行无菌包装。

⑧ 冻干过程结束后对设备进行清洗，以备下次使用。

三、板栗的真空冷冻干燥技术

1. 应用说明

板栗（*Castanea mollissima*），是一种健胃补肾的上等果品，板栗仁富含糖类、蛋白质、脂肪和多种维生素，还含有钙、钾、磷等矿物质元素，具有一定的医疗保健功能，对于高血压、冠心病以及动脉硬化等疾病具有很好的防治作用。

但新鲜板栗的季节性和地域性较强，每年因霉烂、虫害、失水和发芽而造成的采后损失达总产量的30%以上，褐变也是影响我国板栗加工业发展的重要原因之一。为了提高板栗经济效益，需要重点加强对板栗深加工技术的研究。

2. 材料和设备

新鲜的板栗、柠檬酸；电子天平、电热恒温鼓风干燥箱、水分测定仪、冻干机、真空泵等。

3. 操作流程

新鲜板栗→挑选清洗→剥壳→去残衣→分选→热烫→护色→煮制→漂洗

成品←真空封袋←检测←真空冷冻干燥←预冻←沥水←┘

4. 工艺操作要点

（1）板栗挑选清洗　选择饱满、无腐烂、无病虫害的新鲜板栗，按形态挑选大小均匀的板栗，然后在清水中漂洗干净。

（2）剥壳去衣　将清洗后的板栗在中温（75～80℃）烘烤一段时间，至板栗壳自行裂开，然后脱壳，并用小油石磨去残衣。

（3）分选　去除破碎、变色、带斑点等不合格的栗果。

（4）热烫　将板栗仁用95～100℃热水烫漂4min，以达到钝化板栗仁酶活性的目的。

（5）护色　将热烫后的板栗仁浸入40℃的0.3%柠檬酸或0.1%氯化钠护色液中进行护色15min。

（6）煮制　将经过护色的板栗仁放在50～60℃的预煮液中煮10min，然后在75～85℃下预煮15min，95～97℃下预煮25～30min，基本煮透为止。漂洗时先在60℃的热水中漂洗10min，再在40～50℃热水中漂洗10min，然后沥干水分。

（7）预冻　将煮制后的板栗仁装盘置于−35℃的冰箱中，预冻至少4h，预冻速度控制在每分钟 1~4℃为宜。

（8）真空干燥　将冷冻后的板栗仁放于真空冷冻干燥机中进行干燥。在单位面积托盘物料量为 $4.85kg/m^2$，且隔板温度为 45℃，冻干时间保持在 12h。

（9）检测　检测真空冷冻干燥后的板栗仁含水量，如果在 3% 左右，且很好地保持了板栗仁原有的色、香、味，则说明真空冷冻干燥过程较好。

（10）封袋　将真空冷冻干燥板栗仁按每袋 200g 进行装袋，并真空封口。

5. 特别说明

有试验证明板栗的共晶点在 -28~-26℃，共融点为 -22~-24℃，在具体操作中，应选择适宜的操作温度。冷冻过程中，冷冻速度的控制非常重要，它将在很大程度上决定冻干品的质量。

四、柿子的真空冷冻干燥技术

1. 应用说明

柿子又名朱果，广泛生长在我国北方及黄河流域，已有三千多年的栽培历史。柿子是一种营养成分很高的水果，果实内含有 18 种氨基酸，其含糖量达 8%~11%，是人们喜爱的一种时令水果。但是其易霉变变质，保鲜期极短，无法长期保存。利用真空冷冻干燥脱水技术可解决传统柿子加工中出现的柿子变色、变质、变味、成分流失、无法还原等缺陷，有利于柿子的长期贮藏和深加工。

2. 材料与设备

新鲜柿子；FD-0.5 真空冷冻干燥机一系列设备、水分测定仪等。

3. 操作流程

新鲜柿子→温水脱涩→切块→装盘→冻结→抽真空→升华干燥→解析干燥→设备清洗→成品

4. 工艺操作要点

（1）预处理　选用七八成熟的柿子，用温水脱涩后，将柿子切成 5mm 或 1cm 见方的小块，然后装盘，将之放入干燥舱中速冻。

（2）预冻结阶段　在预冻结阶段，物料的冻结温度应达到其共晶点温度以下 5~10℃。物料温度在共晶点以下才能够冻结，而不发生解冻。

（3）升华干燥阶段　当干燥舱中物料中心温度达到其共晶点温度以下已完全冻结时，恒温保持 1~1.5h，使物料冻透。再实施抽真空、加热，即开始升华干燥。在该阶段应保证物料冻结部分温度低于其共融点温度（同时真空度和冷阱温度须保持相应的工艺要求值），维持该过程至全部冰晶升华。

（4）解析干燥阶段　冰晶升华结束后，须进行一段解析干燥过程，即将物料中部分未冻结的结合水通过蒸发除去，此时应保证物料温度在崩解温度的最高允许温度下。当物料残余水分达到 3%~5% 时，结束冻干过程，清洗仪器设备。

（5）成品　冻干后的柿子应具有良好的复水性，才能证明柿子内部的结构良好。

5. 特别说明

冻干过程中，由于80％左右的水分通过冰晶升华而逸出物料，所得冻干产品质量极佳。物料厚度对冻干过程影响较大，在生产中应使物料厚度尽可能减小。真空度对冻干的影响也较大，在冻干时间与经济性方面应选择一个最佳压力。

第四节　蔬菜的真空冷冻干燥技术

蔬菜在冷藏和冻藏过程中，口感和风味的变化会因品种的不同而有所不同，即使是同一品种也会随着时间的增加降低其感官品质。绿色蔬菜在加工过程中的色泽维持（尤其是叶绿素的保持），是蔬菜感官质量评价的关键指标，温度影响叶绿素降解的机理主要是影响果蔬体内各种酶的活性，而低温可以抑制叶绿素过氧化物酶的活性。还原糖（reducing sugar，RS）是蔬菜在采后贮藏中呼吸作用的主要底物，也是美拉德反应的主要底物之一。低温条件能降低黄花菜中总糖含量的消耗，有利于保持黄花菜的风味和营养价值。

一、胡萝卜的真空冷冻干燥技术

1. 应用说明

同胡萝卜的超微粉加工技术的相关内容。

2. 材料与设备

新鲜胡萝卜；切片机、真空微波干燥机、冻干机、电子秤、真空泵等。

3. 操作流程

新鲜胡萝卜→挑选→清洗→去皮→清洗→切片→烫漂(杀青)→装盘→冻结
成品←包装←解析干燥←升华干燥←┘

4. 工艺操作要点

① 选取大小适中的胡萝卜，洗净，去皮，切片，测定胡萝卜的初始含水量。

② 烫漂与冷却。如此不仅可以灭活胡萝卜中的酶，而且可以杀死胡萝卜表面的微生物，还能避免维生素C和胡萝卜素等物质因氧化而破坏。烫漂时将胡萝卜置于沸水中，水浴加热3～4min，然后迅速捞出，置于0～5℃的冷水中进行降温。为了保证产品的品质，此过程应严格进行，捞出时应迅速。

③ 冷凉后的胡萝卜片晾干，并检查其表面是否有残留的水滴。晾干后的胡萝卜片平铺于物料盘中，以利于剩余水蒸气散发。设定微波功率密度与真空度（表压−0.096MPa）开始干燥。装盘越薄，干燥时间就越短，相应的产量就越

低，因此实际操作时应注意装盘量及干燥时间。

④ 处理后的样品进行预冷冻至水分完全冻结，取出后迅速移至冻干机冻干，均匀单层平铺于物料盘中。

为确定胡萝卜的真空冷冻干燥工艺，首先应知道其结晶点温度和共晶点温度，胡萝卜品种、产地、含水量不同共晶点温度也略有差异。用电阻法测定胡萝卜的共晶点温度。随着温度的降低，电流在不断减小，当胡萝卜温度降低到－10～－15℃时，电流趋近于最小，说明此时的胡萝卜已全部冻结。因此可以确认胡萝卜共晶点温度为－10～－15℃。在实际生产中，冻结的温度一般都比共晶点温度低10℃，胡萝卜冻结温度在－25℃。胡萝卜的冻结过程是个放热过程，需要一定时间。在库温保持－35℃时，冻结3h较为适宜，可以使物料完全结晶。

冷却温度达到－50℃左右，设定真空冷冻干燥机的各种参数，进行真空冷冻干燥，并记录真空度和时间。冷冻干燥分两个阶段，冷冻干燥开始时，隔板不加热，通过外界辐照为升华过程提供热量，冻干10h左右，升华干燥阶段基本完结，进入解析干燥阶段，启动加热程序，使隔板温度达到40℃，当物料温度接近加热极温度时，表示物料已经冻干，结束冻干操作。以上所有操作重复2次。

⑤ 包装。在冻干箱工作完毕之后，需要开箱取出产品。干燥的产品进行密封保存。由于冻干箱内在干燥完毕时仍处于真空状态，因此产品出箱必须放进空气，才能打开箱门取出产品，放进的空气应是无菌干燥空气。由于冻干后的胡萝卜干吸湿性比较强，为了防止其吸湿变潮，所以包装应迅速。

5. 注意事项

① 装盘时应尽量扩大其表面积，控制装盘厚度。

② 样品必须完全冻结成冰，如有残留液体会造成气化喷射。

③ 拿取物料时应戴保温手套，避免过低的温度将手冻伤。

④ 开启冻干机之前应注意检查气密性。

⑤ 注意冷冻速度。一般来说，冷却速度越快，过冷温度越低，所形成的晶核数量越多，晶体来不及生长就被冻结，此时所形成的晶粒数量越多，晶粒越细；反之晶粒数量越少，晶粒越大。

⑥ 升华干燥阶段只除去了冻结物料中约90%的非结晶水，还有约10%的残余非结晶水，这部分水需要经过解析干燥除去。解析干燥的温度不能超过物料的最高允许温度，为了确保干燥产品的安全，可通过实验来确定解析温度。

二、葱的真空冷冻干燥技术

1. 应用说明

葱（*Allium fistulosum* L.），为百合科葱属植物。作蔬菜食用，鳞茎和种子亦可入药。含有蛋白质、碳水化合物及多种维生素及矿物质，对人体有很大益处。

传统的加工技术和贮藏技术比较落后，不能很好地保存葱中的营养成分，也不能很好地保持葱的形态特征，自然干燥和热风干燥是传统的果蔬脱水方法，经过这些方法脱水的葱，组织收缩严重，营养成分损失严重，复水能力差。经过真空冷冻干燥技术处理的葱，营养成分保持率高，复水性好，产品性能远远高于传统脱水方法的产品，极大地提高了产品的市场竞争力。

2. 材料及设备

新鲜大葱；恒温干燥箱、切片机、真空泵、冻干机、清洗器等。

3. 操作流程

大葱→分拣→去叶去皮→清洗→沥干水分→切段→护色→冷冻→抽真空→升华干燥

包装←成品←设备清洗←解析干燥←┘

4. 工艺操作要点

① 选择粗细相近且外观无机械损伤的新鲜大葱，分拣，去叶，去外皮，用清水洗净并沥干水分，切成约 8mm 的葱段。

② 护色。配制一定浓度的 $ZnSO_4$ 溶液浸泡葱段，可以起到保护叶绿素的作用。

③ 将处理好的葱段均匀地摆放在料盘内，置于冷阱中，开启制冷系统，在低于共晶点的温度下使葱段冻结（先通过实验测得葱的共晶点温度及共融点温度），并维持一小时。

④ 将冻结的大葱段从冷阱移至安装于冻干室内的物料盘上，关闭干燥舱舱门，启动真空系统，冻干室内压力设定为 90Pa，达到设定之后再维持 0.5h。

⑤ 开启加热系统，升华干燥过程开始，加热板温度由室温逐渐加热至 70℃。进入解析干燥过程后，冻干室内压力调节至 30Pa，然后进行解析干燥。

⑥ 仪器清洗。此过程不仅保证了果蔬加工过程中的干净卫生，而且在很大程度上延长了设备的使用寿命，所以在加工过程结束后清洗工作必不能省。清洗后应使各部分保持干燥，以免水渍损坏仪器。

5. 特别说明

护色时间不能过长，避免物料中营养成分溶入护色液中而造成浪费。每盘物料厚度、干燥室压强和加热板温度 3 个过程参数对冷冻干燥过程有显著影响，对能耗影响的主次因素依次为：冻干物料厚度、加热板温度、干燥室压强。

三、大蒜的真空冷冻干燥技术

1. 应用说明

大蒜（*Allium sativum* L.）属百合科葱属。营养丰富，每 100g 含水分 69.8g，蛋白质 4.4g，脂肪 0.2g，碳水化合物 23.6g，钙 5mg，磷 44mg，铁

0.4mg，维生素 C3mg。此外，还含有硫胺素、核黄素、烟酸、蒜素、柠檬醛以及硒和锗等微量元素。含挥发油约 0.2%，油中主要成分为大蒜辣素，是大蒜中所含的蒜氨酸受大蒜酶的作用水解产生的。

2. 材料与设备

新鲜大蒜；天平、恒温水浴锅、温度计、真空冻干机、温度测定仪、切片机等。

3. 操作流程

新鲜大蒜→分瓣→剥皮去膜→切片→清洗→脱臭→沥干水分→装盘→升华干燥→解析干燥

4. 工艺操作要点

① 选取表皮光洁、无破损、无病虫害、未发芽的新鲜大蒜，洗净后剥去表皮，分瓣浸泡，去除膜衣。然后用切片机进行切片，切片厚度应均匀，以 1.5～2mm 左右为宜。切分后，用清水洗去切面上的黏稠物。为防止受热大蒜素的分解和风味酶及多酚酶的钝化，大蒜干燥时不做烫漂处理。

② 因为大蒜有其独特的辛辣味，所以需要对大蒜进行脱臭处理。首先配制一定浓度的酸液，然后浸泡大蒜片进行脱臭处理。浸泡液的量以完全浸没大蒜片为宜，浸泡温度为 3℃，时间为 72h（3d）。脱臭后要进行沥干，然后装入物料盘中，厚度应适宜。

③ 干燥过程分为升华干燥和解析干燥两个阶段。升华干燥阶段由于水分较多，一般取最大加热功率，当物料上部温度达到加热板温度时，该阶段终止。解析干燥阶段由于升华结束，真空度有一定提高，所以应当控制加热功率，即降低加热板温度，保证已干食品的温度低于最高允许温度，该阶段以物料内部温度达到设定值为终点。合理设置升华、解析干燥的时间是保证产品品质和节能的关键。

④ 大蒜预冻的最低温度低于共晶点温度 5～8℃，升华界面温度低于共融温度 2～5℃。

5. 特别说明

对大蒜的真空冷冻干燥工艺及脱臭方法研究结果表明，以大蒜片的形式冻干脱臭明显优于用蒜泥形式；采用酸浸泡的方法脱臭效果较好。最佳冷冻干燥过程：预冻至 -35℃，加热板升到 60℃ 后保持 8.5h，再降温到 40℃ 保持 4～5h，全过程保持最高真空度。

四、芦笋的真空冷冻干燥技术

1. 应用说明

芦笋（*Asparagus officinalis* L.），营养丰富，滋味鲜美，富含多种氨基酸、蛋白质和维生素，具有较高的营养价值和医疗保健功效，其嫩茎风味鲜美，脆嫩可口，但耐贮性较差，采收后极易腐烂，进行真空冷冻干燥后，可以延长保存期，可最大限度地保留绿芦笋的营养成分。

2. 材料与设备

新鲜绿芦笋；真空冷冻干燥机、真空泵、控温消煮炉、恒温水浴锅等。

3. 操作流程

绿芦笋→清洗→切分→烫漂→冷却→护绿→保硬→真空冷冻干燥→回软→包装→成品

4. 工艺操作要点

（1）挑选 挑选同一等级的新鲜绿芦笋，然后用清水清洗，晾干水分。

（2）切分 将沥干水分的绿芦笋切分成 4～6cm 左右的长条。

（3）烫漂 在恒温水浴锅中进行加热，水温控制在 85℃ 左右，烫漂时间以 3～4min 为宜，此时绿芦笋体内的维生素 C 保留量最大。

（4）护绿 配制 30g/kg Na_2CO_3 溶液，将 pH 值调节至 7.5，浸泡烫漂后的绿芦笋约 40s。

（5）保硬 配制 0.2% 的 $CaCl_2$ 溶液，浸泡处理好的物料 50min。

（6）冷冻 −30℃ 下，冷冻 6h。

5. 特别说明

在进行真空冷冻干燥时，如果笋体过长，将会影响烫漂的温度和时间，以及护绿剂、保硬剂和麦芽糊精等的渗透，进而影响干制品的色泽、质地和复水性，并延长干燥时间，增加整个冻干过程的能耗；如果笋体过短，又会造成营养成分过度流失，并影响制品的外观和商品价值。所以在真空冷冻干燥前需要对绿芦笋的切分长度进行研究。绿芦笋共晶点范围为 −11～−13℃，以此合理确定预冻温度及时间。

五、蘑菇的真空冷冻干燥技术

1. 应用说明

蘑菇（*Agaricus campestris*）中的蛋白质含量多在 30% 以上，比一般的蔬菜和水果要高出很多。含有多种维生素和丰富的钙、铁等矿物质。最重要的是它还含有人体自身不能合成却又是必需的 8 种氨基酸。由于双孢蘑菇含水量高，组织非常细嫩，菌盖表面没有明显的保护结构，常温采下后 1～2d，菇体内的水分就会大量蒸发散失，菌盖开始破膜、开伞、失水、萎缩、褐变甚至腐烂，菌柄伸长，商品价值下降，故鲜蘑菇不易贮藏，但将其烘干可以长期保存，使其附加值增加，因而蘑菇的干制具有一定的发展市场。

2. 材料与设备

新鲜蘑菇；冷冻干燥机、真空泵、切片机、水分测定仪、电热恒温鼓风干燥箱等。

3. 操作流程

双孢蘑菇→挑选→清洗→晾干→切片→护色→清洗→晾干→预冻

入库←包装←检测←干燥←抽真空←┘

4. 工艺操作要点

（1）挑选　选择菇体完整、颜色洁白、菇盖未开伞、子实体大小基本一致、无病虫害和无机械损伤的蘑菇。

（2）清洗　蘑菇清洗比较困难，因为其外表面粗糙，而且皮很薄，一洗就破，清洗时可以用自来水不断冲洗，流动的水可以避免菇体表面的农药渗入茹体中。另外，清洗时千万注意不要把蘑菇蒂摘掉，去蒂的蘑菇若放在水中浸泡，残留的农药会随水进入菇体内部，造成更严重的污染。清洗后将水分沥干，然后切成 1～3mm 厚的薄片，要求切面平整，薄厚均匀。

（3）护色　为防止双孢蘑菇褐变，用 0.20%～0.75% 的无水亚硫酸钠溶液作护色液，将双孢蘑菇切片在护色液中浸泡 10min，再用流动的清水冲洗 5min，沥干其表面的水分备用。

（4）预冻、冷冻、干燥　首先将双孢蘑菇切片预冻以缩短真空冷冻干燥机的预冻时间，清洗物料盘、冷阱舱；然后打开冷冻机，压缩机工作 1.5～2.0h 后，冷阱温度降至 −45～−35℃ 时，再将预冷后的切片均匀装盘放入冷阱中冷冻，以防止双孢蘑菇褐变；物料冷冻至要求温度后，置于真空干燥玻璃罩内，进行抽真空处理，使冻结在双孢蘑菇内的水分在真空状态下升华。

（5）检测　用水分测定仪测定升华干燥后菇体内的水分，直至水分含量降至 5% 左右时结束干燥，将干品卸出包装入库。

5. 特别说明

预冻是预先把双孢蘑菇进行冻结的一个重要阶段，决定着真空冷冻干燥的成败。预冻温度过低会对双孢蘑菇细胞造成低温伤害，如损害细胞组织结构，进而影响外观品质；温度过低也会对双孢蘑菇营养元素造成伤害。温度过高则双孢蘑菇易发生褐变，也会影响外观品质。

六、富铬大白菜的真空冷冻干燥技术

1. 应用说明

铬（Cr）是人体必需的微量元素之一，是胰岛素正常工作的辅助因子，铬能矫正糖和脂肪的异常代谢，因此中老年人如缺铬会直接引起糖尿病和动脉硬化等疾病的发生。研究表明，白内障和高血脂也与长期缺铬有关。

植物铬是人类和动物获取铬的主要来源，国内目前尚不能人工合成植物铬，获取植物铬的主要途径是依靠生物转化技术。由于蔬菜具有可直接食用的特点，因此适合作为富铬的载体。

大白菜是十字花科芸薹属中以叶球为食用部位的二年生草本蔬菜。大白菜不仅可以作为鲜食蔬菜食用，而且适合加工，可以制作泡菜、冬菜和各种咸菜，特别是大白菜可以进行富铬真空冷冻干燥，可大大提高它的利用价值。

2. 材料与设备

富铬大白菜的加工应选择大白菜中的高级类型——结球白菜，并要求大白菜新鲜、无病虫害。使用试剂为分析纯，主要有三氯甲烷、丙酮、磷酸、硫酸、硝酸、过氧化氢、硫酸锰、叠氮化钠、盐酸羟胺、甲基橙、硝基橙、硝酸银、8-羟基喹啉、二苯氨基脲等。

主要设备有分光光度计、电子微量分析天平、食品粉碎机、恒温培养箱、水分测定天平、冷冻干燥机等。

3. 工艺流程

新鲜原料→挑选→清洗→切条→沥干水分→泡菜液→加铬→发酵
成品←真空包装←升华干燥←冻结←┘

4. 工艺操作要点

(1) 原料选择与处理　取结球良好的大白菜，淘汰弱小、有病虫危害的植株，去掉外叶，用清水洗涤干净，控干后切成 1cm 的条状，放置于托盘中吹干原料表面的水分。

(2) 加铬发酵　用制作泡菜的方法加入铬离子。选用适宜的泡菜坛子，加入配好的泡菜液，同时加入 0.05‰～0.10‰ 的铬溶液，将准备好的蔬菜原料装入泡菜坛内，装至半坛时可将香料包放入，再装原料至距坛口 6cm 时为止，使泡菜液将蔬菜浸没。盖上坛口小碟盖，将坛盖钵覆盖，并在水槽中加注清水，将坛置于设置好的条件下，任其自然发酵。腌渍成熟后把泡菜坛子放置在 27℃ 的恒温下。

(3) 真空冷冻干燥　发酵好的泡菜，采用 Conso124 冷冻干燥机进行冷冻干燥，冷冻干燥时真空压力为 37.8 Pa，真空冷冻干燥的脱水温度为 50℃。

七、山药的真空冷冻干燥技术

1. 应用说明

山药（*Dioscorea opposita*），营养丰富，具有较高的营养价值和保健功效，富含多种营养成分和生理活性成分，是集药、食、滋补三大功能为一体的保健食品。但因山药含水量高，以及含有多种氧化酶，致使山药不易贮藏运输，因此加大对山药加工工艺的研究具有现实意义。真空冷冻干燥山药，不仅可以降低山药含水量，延长保存期，方便山药的运输，而且干燥后的山药具有较好的营养品质，口感及风味也与新鲜山药所差无几。采用真空冷冻干燥法生产的山药粉可以较好地保留山药的营养成分和生理活性成分，还可以将山药粉添加到其他食品中，扩大山药的应用范围。

2. 材料与设备

新鲜山药；高速清洗机、切片机、真空冷冻干燥机、真空包装机、电热恒温鼓风干燥箱、真空泵、超低温冰箱等。

3. 工艺流程

原料挑选→清洗→去皮→切片→烫漂→冰水淋洗→沥干→预冻

真空包装←冻干←摆盘←┘

4. 工艺操作要点

（1）前处理　选择长度 60～80cm、直径 4cm 以上、无机械伤和无病虫害侵染的山药。用配有毛刷的自动清洗机洗去山药表皮的尘土，同时去掉须根，再用流动的水冲洗干净，然后削皮。因山药易折断，去皮时应谨慎，可用自动去皮机进行去皮。

（2）切片　将处理好的山药切成 3～4mm 厚的薄片，要求切面平整，切片后立刻进行烫漂，以防发生褐变。

（3）烫漂护色　将切好的山药片放入 95℃ 的热水中，浸泡 60s，然后捞出，迅速用流动的冷水淋洗至常温，以防余温对物料品质和营养的破坏。然后用 5%NaCl、10% 葡萄糖、10% 麦芽糊精作浸护液，于 30℃ 浸泡 20min。然后用冷水淋洗掉山药物料表面的浸护液，最后沥干水分。

（4）摆盘　在物料盘中均匀地铺上沥干后的山药片，厚度以 8mm 左右为宜。

（5）预冻　为了节省预冻时间，降低成本，此处速冻的生产线设置温度为 −30℃，速度为 0.44m/min，14min 即可完成预冻。

（6）冻干　冻干时要控制好真空度和冷阱的温度，一般将冻干箱内的真空度控制在 30～50Pa，这样既利于传热又利于传质；冷阱温度设置在 −45℃ 左右，此时冰的饱和蒸气压较低，蒸汽易于从冻干箱内传递到冷阱中，利于水分的捕捉。对于升华干燥阶段的加热板温度，一般在保证物料温度不超过共融点的情况下，尽量提高加热板温度，以期达到缩短干燥时间、降低成本的目的。

（7）检测　干燥阶段可以每隔 2h 测一次山药物料中心的水分含量，当水分达到 4% 左右时，解析干燥可以结束。

（8）包装　冻干后的山药片具有较大的比表面积，极易吸潮吸氧，因此应严格控制卸料和包装环境，并选择恰当的包装材料和方法包装。可通入一定量的干燥空气使干燥箱恢复到常压状态，随后于相对湿度低于 50%、温度低于 25℃ 且尘埃少的密闭环境中卸料，并尽快完成筛选分级和包装。

八、油豆角的真空冷冻干燥技术

1. 应用说明

油豆角（*Phaseolus vulgaris* L.）是我国东北地区（黑龙江、吉林为主）特有的一种优质菜豆品种，含有较高的蛋白质，含量可达到其干质量的 20% 以上。油豆角在贮藏中容易发生的主要问题是表面出现褐色斑点，老化时豆荚外皮变黄，纤维化程度增高，种子长大，豆荚脱水等。为了更好地满足消费者的需要，减少生产者和经营者的损失，亟须解决油豆角的保鲜问题。油豆角的保鲜管理应当是一个完整的体系，它包括采前、采收、采后商品化处理、贮藏、运输和销售等几个环节。

将油豆角加工成真空冷冻干燥产品后，不仅可以长期贮藏，而且便于长途运输，可大大提高油豆角的商品价值。

2. 材料与设备

东北种植的油豆角；真空充气式包装机、制冷机、真空冷冻干燥机、超低温冰箱、电热恒温鼓风干燥箱、切片机、水分测定仪、温度计、真空泵等。

3. 工艺流程

原料→分选→清洗→烫漂→冷却→沥干→切分→装盘→预冷→真空冷冻干燥↓
贮存←真空包装←

4. 工艺操作要点

（1）原料选择　选用肥厚、鲜嫩的油豆角，并剔除油豆角柄部。

（2）烫漂　将清洗后的油豆角置于 95～100℃ 的热水中烫漂 2min，以抑制其氧化酶的活性，进行护色。以愈创木酚检验法检测灭酶是否完全，以确定最佳烫漂温度与时间。

（3）冷却、切分与装盘　烫漂后的油豆角应立即冷却，防止发生软化，再沥干水分后将其切成 2cm 左右长的小段并均匀地摊放在料盘上，厚度以不超过10mm 为宜。

（4）预冷　为减轻冻干机的负荷，可先用速冻制冷机对油豆角进行预冷，使其中心温度达到 −2℃ 左右。预冷前应将料温探头插入豆角中的豆粒内，若冻干的是油豆角肉荚，则应把探头放在油豆角荚之间。

（5）真空冷冻干燥　当搁板温度降至 −20℃ 时，开舱把预冷好的料盘放入干燥舱的搁板上，密闭后给干燥舱降温。当物料温度与搁板温度重合时，停止给干燥舱降温，油豆角预冻结过程结束。再给捕水器降温，使之温度降至 −45℃ 时，开始对干燥舱和捕水器抽真空，当真空度达到 100 Pa 以下时，给干燥舱加热并设置搁板极限温度为 −10℃。当物料温度与搁板温度接近时，油豆角的升华干燥阶段结束，这一过程大约需 20 h。再给搁板加温并设置其极限温度为 45℃，开始解析干燥过程，当物料温度与搁板温度重合时，可以认为到达干燥终点。

（6）包装　冻干结束后取出料盘，检查油豆角的颜色、形态及干燥程度是否一致，并将合格的油豆角立即用聚乙烯复合塑料袋按每袋 0.5 kg 抽气密封包装，避光贮藏。由于冻干油豆角吸湿性极强，所以包装环境中相对湿度应控制在20%以下。

九、蕨菜的真空冷冻干燥技术

1. 应用说明

蕨菜，多年生草本植物蕨（*Pteridium aquilinum var. latiusculum*）的嫩苗。其营养成分齐全，含量丰富，且还含有萜类、黄酮类、甾（体）类及有机酸等多种功能性物质，具有抑菌、护肝、降血脂、抗氧化、抗肿瘤、抗突变及免疫调节等生物活性和药理作用。蕨菜生长季节性强，采收期集中在 3～6 月，且采后组织呼吸作用强，易褐变、老化、变质，不易保鲜贮藏。

目前，国外大部分产品是利用进口腌渍品，经过脱盐再进行冷冻干燥加工的。新鲜蕨菜具有较高的含水量、怡人的色香味和鲜嫩的品质，无论是罐头类还是传统干制和腌制，虽然通过一系列的有效措施能够在一定程度上维持其风味，但是其加工出的产品很难较好地保持新鲜度。通过真空冷冻干燥技术加工蕨菜，可提高干燥蕨菜的品质，可大大节约能耗，提高经济效益。

2. 材料与设备

新鲜蕨菜；电热恒温水浴锅、电热鼓风干燥箱、真空泵、真空冷冻干燥机等。

3. 操作流程

原料→分选→清洗→切分→浸泡杀菌→烫漂→冷却→护色→硬化→漂洗→沥水
入库←金属检测←包装←分选←卸料←真空冷冻干燥←预冻结←装盘←┘

4. 工艺操作要点

（1）预处理　选择无褐变、无腐烂的鲜嫩蕨菜，并将分选好的蕨菜剔除过老的部分，冲洗并沥干后按不同规格切成长 1～2cm 的小段。

（2）浸泡杀菌　将新鲜蕨菜，用含 2～8mg/L 的次氯酸溶液浸泡杀菌 20min。

（3）高温烫漂　选定烫漂温度为 80～90℃，时间为 3～5min，冷却时放入流动的冷水中迅速冷却至室温。

（4）护色、保脆　醋酸锌浓度 30mg/100g，护色液 pH 值 6.5，护色时间 20min。乳酸钙 100mg/L、氯化钙 50mg/L 或氯化镁 150mg/L，在此条件下处理的蕨菜可达到最佳保脆效果。浸泡处理 10h，然后捞出，用清水漂洗后沥干水分。

(5) 装盘　为了在不影响预冻结速率的前提下，节约资源，装盘时以 8.5kg/m² 的量将处理好的蕨菜平铺于物料盘中。

(6) 预冻结　冻结速度 1.5℃/min，预冻结终了温度为 −25～−27℃，冻结时间为 90min。

(7) 真空冷冻干燥　真空冷冻干燥时的搁板加热温度为 42℃，干燥室压力为 48Pa。此条件下干燥蕨菜可大大节约能耗，提高经济效益。

(8) 卸料、包装　生产过程中可能会有刀具损坏，致刀具等金属碎片残留于产品中，包装材料中也有可能存在金属物质的残留，一旦金属探测设备操作失误或失灵将造成金属残留无法检出。金属碎片对人体健康有显著的危害，是关键控制点。在干燥完成后必须对产品进行金属检测，并按一定规格将干燥完成的蕨菜物料进行分级，然后进行包装。

第五节　花卉的真空冷冻干燥技术

干燥花是指将植物材料经过保色、定形、脱水处理而制得的具有持久观赏性的植物产品，它是一类具有广阔发展前景的新型装饰品。干花制品以真实的鲜花为材料加工制成，既可保存鲜花的形、色、姿、韵，又由于干花经久不凋，越来越受到人们的喜爱。真空冷冻干燥技术是近年来兴起的干燥花卉的新方法，经过此方法加工过的干燥花卉，能够基本保持鲜花的形状、色泽和芳香，无污染，具有一定的发展优势。

一、真空冷冻干燥花的特点

1. 原料来源广泛

用于制作干燥花的植物种类非常丰富，既有人工栽培的植物又有大量的野生植物，到目前为止，世界各国经常使用的干燥花植物种类约有 2000～3000 种。

2. 姿态自然质朴

干燥花都是由植物材料加工制作而成的，不仅具有植物的自然风韵，而且最大限度地保持了植物固有的形状和色泽。

3. 使用管理方便

干燥花与鲜切花比较，不仅可以在较长的时间里保持其形态和色彩，而且贮存、销售期长。

4. 复水性能好

食用花复水之后，可保持其原有的美丽形状，可促进食欲。

5. 收缩率小

真空冷冻干燥花的收缩率远远小于采用其他方法干燥得到的干燥花，能够最大限度地保持鲜花新鲜时的形态。

6. 设备投入大

冷冻干燥设备投资费用较大，操作费用较高，导致其成本高。

二、兰花的真空冷冻保鲜技术

1. 应用说明

兰花（*Cymbidium* ssp.）亦称胡姬花。兰科是开花植物中最大、最具多样性的科。中国传统名花中的兰花仅指分布在中国兰属植物中的若干种地生兰，如春兰、蕙兰、建兰等。

2. 材料与设备

新鲜兰花；真空冷冻干燥机、超低温冰箱、电热恒温鼓风干燥箱、真空泵、共晶点与共融点测试仪等。

3. 工艺流程

原料→采摘→分选→整枝→固定→预处理→装盘→速冻→升华干燥→箱内充氮

充氮包装←包装袋抽真空←┘

4. 工艺操作要点

（1）前处理　将兰花采摘后，整枝、固定在准备好的定型板上，并涂以预处剂。预处剂为人工配制，可防止在冻干过程中内部组织的突变，有利于冻干物品的制作及保持外形的完整。兰花应放入不锈钢料盘中，并摆放整齐，备用。

（2）速冻　冻干机开启，当搁板温度达到−30℃以下时，迅速开箱门，将摆好兰花的料盘放置在冻干机冻干室内的搁板上，预冷1h。其间视情况而定，可抽真空，加速兰花冻结，也可不抽真空。为了使兰花冻硬冻透，冻干室温度尽量调至最低极限，也可采用其他的制冷源来完成物料速冻工序。此时可用共晶点仪测试其产品的电阻极大值，以利于下一工序的完成。

（3）升华干燥　若预冻时未抽真空，可开真空泵抽真空，若预冻时已抽真空可继续保持真空，同时可适当提高真空度或到达泵的极限真空，视产品的装料情况而定。此时关闭冻干箱内的制冷源系统，接通加热源，提供升华热，保持产品在共晶点以下升华干燥，提供足够的相变热，使冰升华成汽，称为干燥的第一阶段。

当温度超过共晶点的最高温度，即达到−7～−10℃时，可视为第一阶段结束，此时可除去制品95％左右的水分。干燥的第二阶段，产品在共晶点以上温度蒸发干燥，这时固相的水已基本没有了，剩下的为产品结构水分，由于气化量减少，产品温度逐渐上升，因此必须减少供热量，使温度降低到物料允许的最高温度。兰花的冻干时间较长，其主要原因是兰花为整枝冻干，表皮细胞阻挡层长而细，因此冻干周期较一般冻干产品都长，但所需热能低，耗能也少。

（4）后处理　为了使兰花可长期保存及观赏，后处理阶段极为重要，尽管产品前几道工序都满意，但后期处理不当，也会导致前功尽弃，因此后处理工作不可忽视。将冻干室充入氮气或干燥空气，使箱内外处于平衡状态，开门出箱，将冻干后的一支支兰花摆放在预先准备好的塑料盒内，抽真空后充入氮气，并将此盒密封，以利于长期保存。不宜放置在阳光照射处，应尽量避光保存。

5. 特别说明

真空冷冻干燥技术干燥花卉是一种全新的干花制作技术，虽然冷冻干燥技术在食品和药品干燥方面已经有了大量的研究和应用，但由于花卉有别于食品和药品，干燥指标主要是花卉的形状和色泽，因此不能够完全采用食品和药品的干燥工艺，需要针对花卉的不同生物学特性及干花的商品要求进行干燥工艺的研究和改进。

第六章 果蔬花卉产品的膨化技术与应用

随着生活水平的提高，人们对膨化食品的要求越来越高。膨化技术作为一种新型食品加工技术，在国外发展很快。在膨化食品领域中，膨化小食品的发展最为迅速。近年来，国外利用膨化技术生产的膨化食品主要有：膨化主食、人造肉、马铃薯食品、脱水苹果、快餐食品、速溶饮料、代乳饮料和强化食品等。另外还可采用膨化工艺生产淀粉和处理谷物。

第一节 膨化技术的概述

食品膨化技术在我国有着悠久的历史，但我国应用现代膨化技术生产膨化食品的时间并不长。我国第一台挤压机于 20 世纪 70 年代末期在上海研制成功，这标志着我国工业生产挤压膨化食品开始起步。但由于生产厂家对膨化食品的研究开发工作不够重视，膨化食品风味单调，品种较少，远不能满足人们生活水平日益提高的需求，因而逐渐受冷落。近年来，世界很多著名的膨化食品生产企业纷纷在中国投资建厂，生产各种膨化食品。因此，大力发展膨化技术并加快它在食品生产中的应用步伐，以促进我国食品工业的发展是目前食品科学工作者需着重考虑的一个课题。膨化技术作为一种新型食品生产技术，正逐步在食品工业中得到广泛的应用。

一、膨化技术的概念

膨化技术是近年来国际上发展起来的一种新型食品生产技术，膨化方法可分为物理法（包括挤压蒸煮法、油炸法、高压容器连续喷法、高压容器不连续喷法，以及惰性气体膨化法等）和化学法（主要是在膨化物料中添加膨松剂等材料而成型）。其中挤压膨化技术是按设计的目标将调配均匀的食品原料加入螺旋挤压机，由螺旋挤压机来完成输送、混合、加热、质构重组、熟制、杀菌、成型等多个加工步骤，从而取代食品加工的传统生产方法，其发展速度很快。膨化技术应用于膨化食品的生产具有十分广阔的发展前景。

膨化技术是指利用特定的设备，以谷物、薯粉、淀粉、果蔬为主料，对原料进行挤压、油炸、砂炒、烘焙等处理，使之膨化的技术。

膨化（puffing）是利用相变和气体的热压效应原理，使被加工物料内部的液体迅速升温气化、增压膨胀，并依靠气体的膨胀力，带动组分中高分子物质的结构变性，从而使之成为具有网状组织结构特征、定型的多孔状物质的过程。

利用膨化技术生产的食品为膨化食品，国外又称挤压食品、喷爆食品、轻便食品等。它以谷物、豆类、薯类、蔬菜等为原料，经膨化设备的加工，可制造出品种繁多、外形精巧、营养丰富、酥脆香美的食品，因此独具一格地形成了食品的一大类。由于生产这种膨化食品的设备结构简单，操作容易，设备投资少，收益快，所以发展得非常迅速，并表现出了强大的生命力。

二、膨化技术的特点

膨化技术具有工艺简单、成本低、原料的利用率高、设备占地面积小、生产能力高、可赋予制品较好的营养价值和功能等特点。能用于多种原料的加工，如豆类、谷类、薯类等产品的加工多数可以使用膨化技术，另外，膨化技术还能加工蔬菜及某些动物蛋白等。所以，膨化技术除广泛应用于食品加工外，在饲料、酿造、医药、建筑等方面亦得到了广泛应用。

1. 营养成分的保存率和消化率高

谷物原料中的淀粉在膨化过程中很快被糊化，使其中蛋白质和碳水化合物的水化率显著提高，糊化后的淀粉经长时间放置也不会老化（回生）。这是因为淀粉糊化后其微晶束状结构被破坏，温度降低后也不易再缔合成微晶束，故不易老化。富含蛋白质的植物原料经高温短时间的挤压膨化，蛋白质彻底变性，组织结构变成多孔状，有利于同人体消化酶的接触，从而使蛋白质的利用率和可消化率提高。

2. 赋予制品较好的营养价值和功能特性

采用挤压技术加工以谷物为原料的食品时，加入的氨基酸、蛋白质、维生素、矿物质、食用色素和香料等添加剂可均匀地分配在挤压物中，并不可逆地与挤压物相结合，可达到强化食品的目的。由于挤压膨化是在高温瞬时进行操作的，故营养物质的损失小。

3. 改善食用品质，易于贮存

采用膨化技术可使原本粗硬的组织结构变得蓬松柔软，在膨化过程中产生的美拉德反应又增加了食品的色、香、味。因此，膨化技术有利于粗粮细作，改善食品品质，使食品具有体轻、松脆、香浓的独特风味。

另外，膨化食品经高温、高压处理，既可杀灭微生物，又能钝化酶的活性，同时膨化后的食品，其水分含量降低到10％以下，可进一步限制微生物的生长繁殖，有利于提高食品的贮存稳定性，如果密封良好，可长期贮存并适于制成战备食品。

4. 食用方便，品种繁多

在谷物、豆类、薯类或蔬菜等原料中，添加不同的辅料，然后进行挤压膨化加工，可制出品种繁多、营养丰富的膨化食品。由于膨化后的食品已成为熟食，所以大多为即食食品（打开包装即可食用），食用简便，节省时间，是一类极具有发展前途的方便食品。

5. 生产设备简单、占地面积小、耗能低、生产效率高

用于加工膨化食品的设备简单，结构设计独特，可以较简便和快速地组合或更换零部件而成为一个多用途的系统。加工设备占地面积很小，例如，BC-45型双螺杆挤压机包括自动控制机在内所需占地面积仅为$8m^2$，这是其他任何食品蒸煮加工系统所不及的。另外，膨化设备的电、汽、水的消耗比较小，生产率高，加工费用低。

6. 工艺简单，成本低

谷物食品加工过程一般须经过混合、成型、烘烤或油炸、杀菌、干燥或粉碎等工序，应配置相应的各种设备；而采用挤压方式加工谷物食品，由于在挤压加工过程中同时完成混炼、破碎、杀菌、压缩成型、脱水等工序而制成膨化产品或组织化产品，使生产工序显著缩短，制作成本降低。同时可节省能源20％以上，因此，它是一种节能的新工艺。

7. 原料的利用率高

用淀粉酿酒、制饴糖时，原料经膨化后，其利用率达98％以上，出酒率提高20％，出糖率提高12％；用膨化后的高粱制醋时，产醋率提高40％左右；利用大豆制酱油时，蛋白质利用率一般为15％，采用膨化技术后，蛋白质利用率提高了25％。

三、膨化技术的分类

1. 按膨化加工的工艺条件分类

按膨化加工的工艺条件分类，可把膨化技术分为两类：一类是利用高温进行的膨化，如油炸、热空气、微波膨化等；另一类是利用温度和压力的共同作用进行的膨化，如挤压膨化、低温真空油炸等。

(1) 高温膨化（high-temperature puffing）　高温膨化技术是利用现代机械挤压成型技术与比较古老的油炸膨化、砂炒膨化等处理工艺结合，从而生产膨化食品的一种技术。其中，微波膨化、焙烤膨化等新型膨化技术也应属于这一范畴。

高温膨化技术对设备要求不高，对原料等级要求不严格，所制得的膨化食品有其独特的风味、外观和口感，从而整体的可口性得到提高，而且其半成品通常可存放半年的时间，因此，目前仍广泛应用于膨化食品的生产。

① 油炸膨化食品（frying puffing）。油炸膨化是利用油脂类物质作为热交换介质使被炸食品中的淀粉糊化、蛋白质变性以及水分变成蒸汽从而使食品熟化并使其体积增大的一种膨化技术。油炸膨化的油温一般控制在 160～180℃，最高不应超过 200℃。

② 热空气膨化（hot-air puffing）。热空气膨化包括气流膨化、焙烤膨化、砂炒膨化等。其利用空气作为热交换介质，使被加热的食品淀粉糊化、蛋白质变性、水分变成蒸汽，从而使食品熟化并使其体积增大。

③ 微波膨化（microwave puffing）。微波膨化是利用微波被原料中易极化的水分子吸收后发热的特性，使食品中淀粉糊化、蛋白质变性、水分变成蒸汽，从而使食品熟化并使其体增大的膨化技术。

(2) 温度和压力共同作用的膨化

① 低温真空油炸膨化（low temperature vacuum frying puffing）。低温真空油炸膨化是指在负压条件下，食品在油中脱水干燥而进行的膨化。若采用真空度 2.67kPa、油温 100℃进行油炸，这时所产生的水蒸气温度为 60℃；若油炸时油温采用 80～120℃，则原料中水分可充分蒸发，水分蒸发时可使原料显著膨胀。采用真空油炸所制得的产品有显著的膨化效果，而且油炸时间相对缩短。

低温真空油炸食品具有低脂肪、低热量、营养丰富、外观色泽美丽、口感酥脆、风味独特、无任何化学添加剂等特点，适合人类食用。

② 挤压膨化（extrusion puffing）。一般食品物料在压力作用下，定向地通过一个模板，被连续成型地制成食品，该过程被称为"挤压"。挤压食品有膨化和非膨化两种。

通过挤压膨化加工生产的食品具有营养损失少、容易被人体消化吸收、食品不易产生"回生"现象、便于长期保存等特点。同时利用挤压膨化加工的产品口感好，改善了产品的风味。再有，利用挤压膨化加工技术还具有生产效率高、原料利用率高、无"三废"污染、加工技术适用范围广等待点。

2. 按膨化加工的工艺过程分类

(1) 直接膨化法　直接膨化法又称一次膨化法，是指把原料放入加工设备（膨化设备）中，通过加热、加压，然后再降温、减压而使原料膨化的一种技术。

（2）间接膨化法　间接膨化法又称二次膨化法，即先用一定的工艺方法将原料制成半熟的食品毛坯，再把这种坯料通过微波、焙烤、油炸、炒制等方法进行第二次加工，以得到酥脆的膨化食品的一种膨化技术。

四、膨化食品及其加工技术的发展趋势

食品加工的一个目的是充分利用现有的食品原料资源和开拓新的原料来源，以开发各种各样受人们欢迎的食品。膨化技术的出现可以说为谷物类、淀粉类等这些被称为粗粮的原料在食品工业中的应用开辟了一条崭新的途径。而且，膨化食品一般都需经调味处理，因此膨化食品加工业的发展必将带动调味料工业和薄膜等包装技术的发展。随着食品工业的发展、新技术和新工艺的出现以及人们生活水平的提高，膨化工艺技术以及膨化设备也必然不断向前发展，以生产出更受人们欢迎的低油、天然产品。微波膨化技术、烘焙膨化技术作为新型膨化技术已经引起人们的重视并逐步在生产中得到应用。而超低温膨化技术、超声膨化技术、化学膨化技术都有可能在不久的将来得到实际的应用。

第二节　膨化技术工艺

一、挤压膨化技术的工艺

挤压膨化技术的工艺是通过水分、热能、机械剪切和压力等综合作用对食品进行膨化的一种技术，是高温、高压的短时加工过程。当含有一定水分的原料通过供料器进入套筒后，随着螺杆的转动而向前输送，当物料逐渐受到机头的阻力作用时而被压缩，通过压延效应和吸收机筒外部所加热量，以及物料在螺杆与套筒间的强烈搅拌、混合、剪切等作用而产生的高温、高压，使物料在挤压腔内呈熔融状态，淀粉组织中排列紧密的胶束被破坏，淀粉由生淀粉（β-淀粉）转化为熟淀粉（α-淀粉），即形成了淀粉糊化，此时物料中的水分仍处于液体状态。当熔融态物料进入成型模头前的高温高压区时，呈完全的流体状态，最后随模孔被挤出到达常温常压状态，物料中的溶胶淀粉体积也瞬间膨化，致使食品内部爆裂出许多微孔，体积迅速膨胀，从而形成质构疏松的膨化食品。

由于膨化过程的不同又分为直接挤压膨化和间接挤压膨化两种。

1. 直接挤压膨化技术

具有一定水分含量和淀粉含量的物料，在挤压机的套筒内受到螺杆的推动作用和卸料模具（或套筒内的节流装置）的反向阻滞作用，以及受到来自外部的加热，或物料与螺杆、物料与物料、物料与套筒内部的摩擦热的加热作用，使物料处于高达 3～8MPa 的高压和 200℃ 左右的高温状态。如此高的压力超过了挤压

温度下的饱和蒸气压，因而物料在挤出机套筒内水分不会沸腾蒸发，在如此高温下，物料呈现熔融状态。物料一旦经模具口挤出，压力骤然降低，水分急剧蒸发，产品随之膨胀。水分的散失，带走大量热量，使物料的温度在瞬间骤降到80℃左右，从而使产品固化定型，得到直接挤压膨化产品。

直接挤压膨化技术的工艺流程主要为：

进料→（挤压）膨化→切断→干燥→包装→成品

2. 间接挤压膨化技术

原料在挤压机内蒸煮，并在温度低于100℃时推进通过模板，原料面团在低温时成型，这样可防止物料中水分瞬间变为蒸汽而产生膨化。产品的膨化工艺主要靠挤出之后的烘烤或油炸来完成。在此种工艺中，原料经过挤压机之后，只是达到熟化、半熟化状态，并获得一定的形状。同时，为了提高产品质量，使产品的质地更为均一，糊化更为彻底，挤出后的半成品还需经过一段时间的恒温恒湿过程，然后才能进行后期的烘烤或油炸等工艺的处理。

工艺流程主要为：进料→成坯→干燥→膨化→包装→膨化食品。

与直接挤压膨化食品相比，间接挤压膨化食品一般具有较均匀的组织结构、口感较好、不易粘牙、淀粉的糊化较为彻底、膨化度较易控制等特点，是较受欢迎的膨化食品。

二、高温膨化技术的工艺

高温膨化技术主要是指油炸膨化或砂炒膨化，其中以油炸膨化最为常见，因为砂炒膨化对砂的质量要求较高，且食品膨化后砂的去除也较为困难，所以不如油炸膨化应用普遍。高温膨化技术除了传统的油炸膨化和砂炒膨化外，还有焙烤膨化和微波膨化。

油炸膨化或砂炒膨化时，当食品原料经蒸汽蒸煮时，其中的淀粉发生糊化（即 α 化），此时淀粉分子间氢键断开，水分进入淀粉微晶间隙。由于高温蒸汽和高速搅拌作用，淀粉快速、大量、不可逆地吸收水分。再经冷却处理，淀粉又发生老化（即 β 化），淀粉颗粒高度晶格化，包裹住在糊化时吸收的水分。在高温处理（油炸或砂炒）时，淀粉微晶粒中的水分因暴沸而急剧气化，促使形成微细孔隙以达到膨化。

微波膨化技术通过电磁能的辐照传导，使水分子吸收微波能，使分子产生剧烈振动获得动能，实现水分的气化，进而带动物料的整体膨化。微波应用于食品的生产可以改变传统的从表面到内部的热传导过程，具有加热均匀、加热速度快、产品质量高、反应灵敏易于控制、热效率高、设备占地面积少等优点。这种方法制得的产品脂肪含量低，而且由于半成品先行包装因而可以延长其保存期。

焙烤膨化技术是利用焙烤设备进行膨化的技术，目前多用于面包和饼干的生产。

三、低温真空膨化技术的工艺

低温真空膨化技术即压差膨化，主要用于膨化果蔬脆片的生产，其产品不含油及任何添加剂，克服了真空油炸果蔬脆片含油量高、贮藏期短的难题，而且真空膨化产品富含蛋白质、氨基酸、纤维素、维生素及矿物质等多种营养素，属纯天然食品。

低温真空膨化产品主要有以下几个用途：第一，作为休闲食品；第二，由于其复水迅速，可作为其他食品（如水果馅饼、水果蛋糕、水果沙司等）的馅料；第三，产品经过超微粉碎，可作为果蔬固体饮料的基料，或直接用于冲调速溶果蔬饮料。

据统计，经济发达的国家果蔬加工量已占果蔬产量的60％，而我国仅占10％～15％。低温真空膨化技术的出现，为我国果蔬深加工产业提供了一条切实可行的新途径，有关专家呼吁，希望以此项技术突破为契机，带动果蔬市场的进一步繁荣，提高果品蔬菜产业的出口创汇能力，进一步促进我国果蔬产区的可持续性发展。

第三节　果品的膨化技术实例

一、膨化苹果果脯的研制工艺

1. 应用说明

果脯的膨化是膨化技术中的主要技术，膨化制作的果脯与传统方法制作的果脯相比，在外观、质地、味感、齿感和风味方面都有明显改进，果脯的体积可比原料膨大30％～50％，水分含量仅原料的2％～5％，是人们比较喜欢食用的一种食品。苹果是人们最喜欢的水果之一，也是人们日常生活中食用最多的水果。利用膨化技术生产的膨化苹果果脯不仅具有香甜爽口、甜而不腻等特点，而且在外观、质地等方面与传统果脯相比有了很大改进，因此深受广大群众的欢迎。

2. 材料与设备

制作膨化苹果果脯主要材料为优质苹果，除此以外还应该有食用白糖、食品级柠檬酸、氯化钙和亚硫酸氢钠。

主要设备为阿贝折射仪、恒温烘箱和简易膨化机（图6-1）等。

3. 工艺流程

原料选择→去皮→切分→去核＋硫处理、硬化→糖煮→糖浸→调节水分→膨化→老化→包装

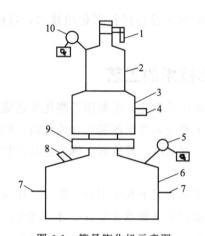

图 6-1　简易膨化机示意图

1—安全阀门；2—装料筒；3—球形阀；4—球形阀扳手；

5—真空表；6—真空罐；7—支架；8—抽气管；9—装料口；10—压力表

4. 技术要领

（1）材料选择和处理　选用果形完整、果心小、果肉疏松、不易煮烂和成熟适当的苹果，如"红玉""国光""倭锦"等品种均可。选择好的苹果经去皮后，切成5cm见方的小块，后把果块放于0.1%的氯化钙和0.1%～0.3%的亚硫酸氢钠混合溶液中浸泡约8h，进行硬化和硫处理。如苹果质地较硬，可以仅用硫酸氢钠进行硫处理即可。使用时按每千克混合液浸泡1.2～1.3kg苹果的比例进行，同时要用重物压住苹果块，以防止果块上浮。浸泡完成后捞起果块，用清水漂洗2～3次，备用。

（2）糖制　把果块放入煮锅中，在容器中配成40%的蔗糖溶液，加入1%的柠檬酸溶液，用微火煮40～50min，然后加糖调节浓度至50%左右，再煮20～30min，按同样的方法加糖调节浓度至60%左右，煮10min后起锅。此时果肉软而不烂，并随糖液沸腾而膨胀，表面出现细小裂纹，果肉呈金黄色透明状。趁热起锅，将果块连同糖液倒入缸内浸渍约36h，使果块浸糖均匀。

（3）调节水分　将果块捞出铺在烘盘上，送入75～85℃的烘箱内烘烤。烘烤过程中不断取样测定果块的含水量，直至含水量降至7%～8%时取出。此时果脯表面干而不黏，果肉带韧性，果块透明呈金黄色，食之甜酸适口。

（4）膨化　将上面工序制得的果脯装入膨化机内，进行膨化操作。

（5）老化成型　将膨化后的果脯置于老化室内进行老化，直至膨化果脯块的组织老化定型后取出，即得成品。

二、膨化苹果酥片的研制工艺

1. 应用说明

苹果不但可以制作成果脯，而且其果肉可采用膨化法生产苹果酥片，苹果酥片最大限度地保留了原苹果的风味、色泽和营养，并不含任何添加剂，被认为可替代乳、糖、脂含量高的糖果、饼干作为休闲食品。

2. 材料与设备

苹果酥片制作的主要材料为鲜苹果，其他辅助材料有分离蛋白、脱脂奶粉、食盐、白砂糖、味精、花椒粉、苹果粉、辣椒粉及棕榈油等。

其主要设备有多功能食品加工机、干燥机、蒸煮机、膨化成型机、喷油上糖机等。

3. 工艺流程

鲜苹果→清洗→去皮→去果心→调质汽蒸→制泥→调质糊化→调味冷却→切片→膨化

包装←上油←烘干←┘

4. 操作要点

（1）预处理 选择新鲜的苹果，并剔除腐烂、伤残的苹果，以保证产品的质量。选好的苹果进行消毒清洗，再用削皮机对清洗干净的苹果进行去皮处理。

（2）蒸煮泥化 将去皮的苹果切成 5cm 见方的块状，放入蒸煮机或蒸锅内蒸 20min 左右。稍凉后将蒸熟的苹果用捣碎机捣成泥状，备用。

（3）调质糊化 在制成泥状的苹果泥中，加入 5％的分离蛋白、5％的脱脂奶粉、1％的食盐和 5％的白砂糖，混合均匀后，制成面团，放入锅内进行调质糊化处理。

（4）调味搓棒 待蒸熟的面团冷却后，根据产品配方要求，将适量的味精、花椒粉、苹果粉等调味品倒入面团中进行调味处理，制成不同口味的湿坯，再进一步搓成规格不同的条棒。将条棒放在 4～6℃的冷却条件下，进行 5h 左右的冷却处理。

（5）膨化处理 将面团棒切成 1.5～2mm 厚的薄片，然后进行膨化处理。处理后把膨化片放在 50～55℃的条件下，干燥处理 10min 左右，使干坯的水分控制在 7％～10％范围内。

（6）上油、包装 采用棕榈油作为产品用油，在 180～190℃时进行喷油处理，烘干后包装即为成品。

5. 质量标准

（1）产品的感官指标 产品色泽为浅黄色；口感具有香、酥、脆的特点和苹果特有的风味；从组织形态看，产品断面组织细密疏松；从形状看，产品表面有波纹。

（2）理化指标 产品含水分 6％，过氧化值≤0.25％，脂肪≤20％，酸值≤1.8mg/g（以 KOH 计）。

（3）微生物指标 产品细菌总数≤1000 个/g，大肠菌群≤30 个/g，致病菌不能检出。

总体来说，本工艺可进行膨化苹果酥片的工业化生产，产品具有色香味美、方便卫生的特点。同时该工艺生产成本低、投资小、见效快，并具有可观的经济效益，是苹果加工的很好范例。

三、香蕉的膨化技术

1. 应用说明

香蕉在我国水果生产中占有重要地位，其营养丰富，含有多种人体所需的营养成分，如蛋白质、碳水化合物、脂肪、钙、磷、铁以及胡萝卜素、维生素 C 等，并具有多种医用保健功效，所以深受人们的欢迎。但由于香蕉本身是一种突变型果实，难以长期贮存和运输，加之目前加工技术和加工方法多数难以保持香蕉原有的色泽和风味，所以使得香蕉在没有完全成熟时就必须采收运输，人们食用的香蕉多数是经过后熟或催熟的，食用价值明显降低，因此开发新型香蕉加工品势在必行。膨化技术具有原料利用率高，占地面积小，生产能力强等特点，而膨化食品更是以其风味好、营养价值高、易于消化吸收等独特的优势在食品行业中一枝独秀。以往的香蕉膨化技术多采用油炸膨化技术，不可避免地存在着含油量高、油脂劣变、口感硬、保质期短等缺陷，而采用气流膨化技术生产香蕉脆片，不仅可以避免上述问题，更具有色泽好、口感酥脆香甜、品质安全稳定等特点，为提高香蕉的附加值、推动香蕉产业的发展指出了方向。

2. 材料及设备

材料主要为香蕉，以及各种添加材料。

设备主要有电加热式果蔬膨化成套设备、香蕉去皮机、切片机、包装机等。

3. 工艺流程

原料→去皮→切片→预处理→气流膨化→冷却→包装→成品

4. 技术要点

（1）选料　选择刚脱涩的、果实丰满肥壮、果形端正的香蕉，同时要注意体形要大而且均匀，剔除烂果、病果和机械损伤的果。理想的香蕉应该为外皮黄色，内部组织呈海绵状膨起，气孔均匀，口感香甜，并具有典型浓郁的香蕉风味。

（2）预处理　选择好的香蕉，利用去皮机进行去皮，利用切片机或人工均匀切分，切成 5mm 厚度的香蕉片。把切分好的香蕉片，放在 6～8℃的低温下处理 20min，准备膨化处理。

（3）膨化处理　将原料放入压力罐后，加热至一定温度。当观察孔的玻璃板上有大量水滴形成时，打开压力罐和真空罐间的大流量阀门瞬间抽真空，使罐中压力迅速降低，从而引起香蕉片的膨化。当从观察孔上观察到全部原料的体积均显著膨大，并且膨起均匀，表面干燥，无水汽蒸发，色泽均匀一致适中，并且恒温加热控制器指数和膨化罐压力指数不再波动时，停止加热，随后在压力罐的夹层壁中通入冷却水使物料固化，温度降至30℃以下，停滞一段时间后取出，完成膨化。

（4）包装　按产品的不同要求进行分级，分级后分别包装，包装时每70g包成一袋，为防止产品的氧化，在包装袋中充入 N_2，同时也可以防止贮运过程中的挤压损伤。产品香甜可口，具有香蕉典型的浓郁风味。

四、银杏脆片的膨化技术

1. 应用说明

银杏又名白果，是我国著名的坚果之一。银杏品味甘美，香糯微甘，略有苦味，口味清新，润喉养肺，在我国已有1000多年的食用历史。银杏作为食疗、滋补、保健食品由来已久。用银杏做的食物、菜肴既是滋补品，又兼有祛病除邪、扶正固本、强身壮体之效。所以银杏具有很高的应用价值。

我国自古医食同源，可利用微波膨化工艺改善银杏的口感和风味，以最大限度地保留其营养成分，提高其营养价值。银杏经膨化后，质地疏松，体积膨大，淀粉糊化，食用后易消化吸收，所以是一种广受人们欢迎的营养休闲食品。

2. 材料与设备

加工材料为新鲜的银杏，其他辅料有糯米粉、食用盐、白糖、食用油、白酒、胡椒粉。

加工用主要设备有微波炉、远红外线食品烘炉、打浆机等。

3. 工艺流程

银杏挑选→清洗→去壳、去内衣→盐浸→沥干→加水打浆

包装←微波膨化←定型←调味←调浆←┘

4. 操作要点

（1）选料　选择新鲜的银杏，采用水选法，拣去上浮的霉烂粒、空粒和杂物，挑选出表面纯白光滑、颗粒饱满、大小一致的银杏为加工用材料。

（2）去壳、去内衣　将银杏用锤子轻敲去壳，去掉外壳后再去内衣，若仍未完全去除内衣，则煮沸并搅拌5min，去掉沸水，迅速冲入冷水，反复冲洗，直到内衣全部脱净为止，即可得到外表光亮、黄白色的银杏仁。有条件的也可使用去壳机一次去壳、去内衣。

（3）盐浸　将去皮后的银杏沥干，配制20%的食盐溶液，放入适量银杏，浸泡1d。

（4）打浆　把盐浸过的银杏取出稍沥干称重。将银杏与水按照1:1的比例放置于打浆机中进行打浆。打浆时按照从低功率到高功率的顺序打，将银杏打成浆糊状。

（5）配料　打好的银杏浆按照1∶1比例加入糯米粉，混合均匀进行调味，调味时加入1%的食盐，8%的白糖，2%的食用油，少量白酒和胡椒粉。

（6）定型　把一定量的银杏浆置于水平的玻璃盘中，左右倾斜控制好玻璃盘，使银杏浆自然流动成一层均匀的约1mm厚的薄层。控制坯料的水分为35%以下。

（7）微波膨化　定好型的银杏浆放入微波炉中进行膨化处理，微波炉功率为800W，膨化时间为75s。膨化后的食品经适当冷却后，马上进行包装。

5. 质量标准

产品为金黄色，无焦化现象，色泽好；内部产生细密而均匀的气孔，口感松脆；咸中带辣，稍甜，有一定银杏香味；无任何可见杂质。

第四节　蔬菜的膨化技术实例

一、甘薯的油炸膨化技术

1. 应用说明

我国甘薯（又名红薯）资源极为丰富，在全国分布很广。它的营养成分相当丰富，是可溶性糖、维生素C和胡萝卜素的丰富来源，但目前甘薯的加工产品极少，除淀粉和薯干外，绝大部分都作为饲料，还有很多因贮藏不善而烂掉。为了充分利用资源，可利用甘薯及淀粉材料加工膨化食品，既可保留甘薯特有的风味，又可保证产品香甜可口、酥脆化渣。

2. 材料与设备

材料为质脆、肥大、无霉烂、无病虫害及机械损伤的甘薯材料。

主要设备有蒸炼机、压皮机、冷却输送架、成型机、蒸汽热风烘炉、粉碎机、锅炉等。

3. 工艺流程

原料选择→浸泡、清洗→热烫去皮→修整→蒸煮→打浆制泥→调味→糊化→压皮制坯
包装入库←脱油←油炸膨化←干燥←成型←醒发←冷却←

4. 操作要点

（1）浸泡与清洗　先用清水浸泡30min左右，清洗掉表面的污物、泥土及夹杂物等。

（2）热烫去皮　清洗干净后的甘薯在沸水中热烫3min，然后趁热用机械滚筒内钢丝刷与甘薯表面摩擦除去表皮，去皮后立即放入1.5%的食盐水中进行护色处理。

（3）修整、蒸煮　切除甘薯两端的粗纤维部分，再投放在夹层锅的蒸笼里将

甘薯蒸透，备用。

（4）打浆、调粉、糊化　熟甘薯打成浆同淀粉、糖、盐调和均匀，放入蒸炼机中边蒸炼边搅拌，用 0.4MPa 气压蒸 3.5min 即可。

（5）压皮、冷却　将蒸煮好的甘薯团趁热压皮，皮的厚薄要求均匀一致，一般在 1.5mm 厚左右，压好的皮经过冷却输送架输送，当温度降到 20℃ 左右时，卷好皮送入醒发室。

（6）醒发　醒发室要求相对湿度 60%～70%，密闭不通风，放置 20～24h。

（7）成型　将冷却老化好的皮料用成型机切成边长为 2cm 的方形片状或长 3～4cm、宽 0.5cm 的条状。

（8）干燥　将成型好的坯料在低温 40～45℃ 下干燥 12h，得到水分达到 8%～9% 的干坯料。

（9）油炸膨化　采用棕榈油，油温 190～200℃，油炸时间 10～15s。

（10）脱油　采用低速高心脱油，转速为 1500～3000r/min，时间 3min。

（11）调味、包装　根据不同需要采用以甘薯口味为主，其他口味为辅的调味方法调出各种口味。包装采用复合袋充氮包装，防止成品破碎和吸湿。

5. 质量标准

产品要求外观均匀一致，色泽浅黄，口感细腻化渣、香甜、酥脆可口。并且水分为 4%，糖（以转化糖计）为 8%；微生物指标要求无致病菌及因微生物所引起的霉变现象。

二、甘薯的挤压膨化技术

1. 应用说明

随着人民生活水平的提高，人们对食品的营养和品质越来越讲究，富含维生素、矿物质和食用纤维的甘薯又重新回到人们的餐桌，受到人们的重视。但是鲜甘薯含水量较高，长时间贮藏保耗困难较大，而且贮藏过程中养分消耗较大，病害损失严重，因此对甘薯深加工进行研究有着非常重要的意义。利用挤压膨化技术对甘薯进行膨化处理具有生产效率高、能耗低、产品质量好、无废弃物等多种优点，是一种科学营养的加工方法。

2. 材料与设备

加工所需要的甘薯品种以新鲜的"红东"品种为好。

主要加工设备为双螺杆挤压膨化机、多用食品加工机、干燥箱、万能粉碎机、天平等。

3. 工艺流程

甘薯清洗→去皮→切丝或切丁→护色→干燥→粉碎→甘薯生粉→配制膨化粉
成品←包装←膨化处理←┘

4. 操作要点

（1）原料选择和清洗　选择新鲜的甘薯块根，以外形整齐、没有伤疤的为好，选择好的块根要充分清洗干净，这是关系到产品质量的关键。

（2）去皮与切块　用去皮机将甘薯的外皮去净，尤其是甘薯表皮的凹陷部分要注意去除干净。将去皮后的甘薯用蔬菜切片机切成一定规格的薯片或薯丁。

（3）护色　用食盐配制成 0.5% 的溶液，将切好的甘薯薯片或薯丁泡在其中数分钟。

（4）干燥　用烘干设备干燥，以保证产品的卫生，干燥温度一般为 45℃，干燥时间可根据薯片或薯丁的大小而定，一般应使最终水分控制在 6% 以下。

（5）粉碎　将干燥后的甘薯，用锤片式粉碎机粉碎，使甘薯粉的细度在 80目左右。包装后备用。

（6）调水膨化　把甘薯粉加水湿润，使含水量达到 18%，采用挤压式膨化机进行挤压膨化，控制膨化机中心温度为 140~145℃。

（7）包装　膨化后的甘薯薯条利用包装袋包装，要密闭，严格防水。

三、甘薯的无核枣膨化技术

1. 应用说明

甘薯不仅可进行油炸膨化、挤压膨化，而且可以采用加压法制作膨化的甘薯无核枣，膨化后的甘薯无核枣体积比原料膨大 30%~50%，与传统方法制作的甘薯枣相比，无论色泽还是口感都有明显的改善，市场竞争力较强，经济效益高。

2. 加工设备

主要的加工设备有蒸锅、去皮机、切块机、烘箱或烘房、气密容器、真空箱、真空泵等。

3. 工艺流程

甘薯筛选→清洗→蒸熟→晾晒→去皮→再晾晒→切块→暴晒（烘烤）
成品←老化←膨化←

4. 操作要点

（1）选料蒸薯　将收获的薯块剔除病、烂、霉块后，进行一段时间的存放，使其糖化，增加甜度。然后用水反复冲洗干净，放入蒸笼加热，蒸至熟而不烂、内无白心为止。

（2）去皮切块　先将蒸熟的薯块摊在干净席上晾凉，再将薯皮剥去，注意不要损伤薯肉或碰烂薯块，去皮后继续摊晾至薯块凉透，然后用刀或切块机将凉透的薯块切成 3~5cm 长、2~4cm 厚的长方形块，放在日光下暴晒，也可在烘房中烘烤，使其含水量下降到 35%。晒或烤时，要注意经常轻轻翻动，使其干度一致。

（3）加压膨化　加压膨化装置由气密容器与真空箱构成，它们之间的连接管上装有阀门，真空箱同时又与真空泵相连。将沥干水分并经过适当干燥处理的原料，放于气密容器内，相对湿度控制在85%~95%，维持10~30min。当压力升至196~490kPa时，打开气密容器与真空箱之间的连通阀，此时气密容器内的压力迅速下降，致使所加的原料体积发生膨胀，其增大量一般为原料体积的30%~50%。真空泵启动后，让所加工的原料一直保持在气密容器内，直至原料含水量降至2.5%左右。

（4）老化处理　为防止从气密容器内取出的约90℃的半成品发生收缩，使产品保持预定的膨化状态，在果脯暴露于大气中之前，应将半成品暂时放置在相对湿度约为5%~20%的容器内进行老化，直至产品完全冷却，其温度与外界一致。

四、胡萝卜的膨化技术

1. 应用说明

据FAO（联合国粮农组织）统计，我国2002年胡萝卜种植面积37.29万公顷，产量达661万吨，占世界总产量的31%，位居世界第一。面对如此大的产量，我国胡萝卜的加工能力严重不足，造成大量积压，农民遭受巨大的经济损失。目前，国内市场上胡萝卜制成品比较缺乏，仅有部分以果汁的形式出现。气流膨化的胡萝卜甜而酥脆，深受消费者的欢迎，有较高的商品价值。它的开发研制为提高胡萝卜的附加值、推动胡萝卜产业的发展指出一个方向，因而具有十分重要的意义。

2. 材料与设备

材料为新鲜胡萝卜。

设备为电热鼓风干燥箱、电加热式果蔬膨化成套设备、SC69-02B型水分快速测定仪、多用切菜机等。

3. 工艺流程

原料→挑选→清洗→去皮→切块→糖煮→预干燥→均湿→气流膨化→冷却
　　　　　　　　　　　　　　入库←包装←称重←分级←┘

4. 操作要点

（1）选料、清洗　选择新鲜的胡萝卜，以没有污染、没有病虫危害的为好。选择好的胡萝卜用清洗机清洗掉黏附在表面的杂质。

（2）去皮、切分、糖煮　用去皮机将胡萝卜外层薄薄的表皮去掉，并把胡萝卜切成1.5cm见方的丁状或2~3cm的条状。然后在含有0.2%~0.3%柠檬酸的10%糖液中煮20min。

（3）预干燥、均湿　把糖煮过的胡萝卜平铺在烘箱的烘盘上，在80℃下干燥至23%的水分含量。胡萝卜经预干燥后，有的较干，有的较湿，水分分布不均匀。将原料装入塑料袋中并把口扎紧，置于低温下2d，使原料的水分分布基本达到一致。

（4）膨化、冷却　气流膨化的主要设备为一个压力罐和一个真空罐，真空罐的体积是压力罐的若干倍。将原料放入压力罐后，加热至110℃。当观察孔的玻璃板上有大量的水滴形成时，打开压力罐与真空罐之间的大流量阀门瞬间抽真空，使压力罐中的压力迅速降低，从而引起物料的膨化。当观察孔玻璃上凝聚的水滴大部分消失后，将阀门关闭，压力罐中的压力将逐渐升高至105kPa。如此反复几次后，将阀门关闭，观察孔上凝聚的水滴将大量减少，当从观察孔上看到原料膨化较好、色泽合适时停止加热，一般停止60min为好。随后在压力罐的夹层壁中通入冷却水使物料温度降至室温。

（5）分级、称重、包装　按产品的要求分级，每70g一袋，分别包装，并充入氮气以防止氧化及在贮运过程中的挤压损伤。

5. 质量标准

胡萝卜膨化片为橘红色，髓心与外围部分膨化均匀，脆而甜或不甜，外表无白色糖。

五、竹笋的膨化技术

1. 应用说明

竹笋含有丰富的蛋白质、维生素、矿物质和膳食纤维等营养成分，具有清热、降血压、降血脂和减肥的功效，是不可多得的食疗蔬菜。在竹笋加工中，研究者根据微波加热的原理和特点，利用微波对添加竹笋的淀粉质原料进行膨化处理，研制出了新型的竹笋风味膨化食品。

2. 材料与设备

加工用的材料主要为竹笋的干制品，其他材料有糯米粉、玉米粉、食用油、食盐、味精、白糖等，这些材料均为市售食用级。

加工设备主要有膨化设备、干燥箱、粉碎机、蒸锅、包装机等。

3. 工艺流程

笋干→浸泡→切碎→干燥→粉碎→调配→蒸煮→压片成型→微波膨化→冷却→包装

4. 操作要点

（1）原料选择与处理　选择新鲜、无虫蛀、无腐烂的优良笋干，先用清水浸泡6~8h，以达到除去苦涩味、软化组织的目的。

（2）粉碎和混料　笋干复水后用切片机切碎，切碎后用干燥箱干燥，干燥后用粉碎机粉碎，粉碎后过60目的筛。按5份竹笋干粉、70份糯米粉、10份玉米粉进行混料，并加入 1.0％的食盐、3.0％的白糖和 0.5％的味精，使混料的含水量达到 50％。

（3）成型膨化　把物料混合后，在蒸锅上蒸煮 4～5min，后用压片机压片成型。一般可用饼干模具成型，每个样品 100g 左右。成型后用微波设备立即膨化，微波强度为 495W，微波时间为 2min。

（4）包装　微波膨化后，进行冷却，冷却后充氮包装。

六、马铃薯片的膨化技术

1. 应用说明

马铃薯俗称土豆、洋芋，具有较高的营养价值和经济价值，除了粮菜兼用外，还可进行深加工制成多种产品。我国是马铃薯的生产大国，年产量约为 550 万吨，但由于受多种因素的制约，对马铃薯的加工利用远远落后于发达国家。深加工的产品主要为淀粉、粉丝、油炸马铃薯食品等，无法满足人们对食品营养、方便和卫生的要求。目前国内市场上对马铃薯薯片需求量较大，因此生产低成本、风味佳、食用方便的马铃薯膨化片有广阔的发展空间。

2. 材料与设备

加工材料主要有鲜马铃薯、玉米淀粉、木薯淀粉、食盐、白砂糖、味精、花椒粉、辣椒粉、棕榈油等。

主要设备有多功能食品加工机、水分测定仪、电饭锅、电热鼓风干燥箱等。

3. 工艺流程

鲜马铃薯→预处理→清洗→去皮→汽蒸→制泥→调粉→调味→冷却→老化→切片
成品←包装←脱油←油炸←干燥←┘

4. 操作要点

（1）原料选择与处理　剔除霉变腐烂的马铃薯，用人工方法削去马铃薯的发芽和绿皮部分，以保证产品的质量。选择好的马铃薯用清水清洗干净后，在去皮机上进行去皮处理。

（2）切片、制泥　将去皮后的马铃薯放在切片机上，切成 2～3mm 厚的薄片，放入电热蒸锅内蒸煮 20min 左右，直至马铃薯完全蒸熟为止。用多功能食品加工机将蒸熟的马铃薯片捣成泥状，以用作调粉。用 78％的鲜马铃薯泥，加入 10％的玉米淀粉、4％的木薯淀粉、1％的食盐、5％的白砂糖等配料。把各种配料混合均匀后，制成湿面团进行糊化处理，使面团充分糊化。

（3）调味、搓棒　待蒸熟的面团冷却后，将已称好的味精、花椒粉、辣椒粉、葱粉或鲜葱末等其他配料分别倒入面团中进行调味，制成麻辣味和葱味的湿坯，再进一步搓成直径为 2～4cm 的圆柱形面棒，备用。注意：调味也可在油炸脱油后进行。

（4）冷却、切片　将面棒装入塑料袋中，密封后放入冰箱冷藏室中进行冷却处理。冷却处理条件为 4～6℃，时间为 5～11h，具体处理时间因面棒直径大小和冷却速度而定。将充分老化的面棒切成 1.5～2.0mm 厚的薄片，然后放入干燥箱内进行干燥，在 45～50℃ 条件下，干燥 4～5h，干坯内水分含量控制在 4%～9% 范围内。

（5）膨化成型　把制作好的干坯放在棕榈油中进行膨化处理，膨化油温为 180～190℃，膨化后的产品呈浅黄色或黄红色，具有香、酥、脆等特点，有马铃薯特有的风味及各种调配的风味，如麻辣味、葱味等。产品呈圆形片状，表面有波纹，断面组织细密疏松，老少皆宜。

七、蚕豆脆片的膨化技术

1. 应用说明

蚕豆是一种富含淀粉和蛋白质的粮食作物，通常用来加工成淀粉，再制成粉丝或其他淀粉食品，或是直接作为蔬菜食用，其进一步的用途是加工成各种小食品，如五香辣味豆、脆香椒盐豆、兰花豆、怪味豆、糖衣豆等。这些产品的加工技术特点是在不改变蚕豆原形态的情况下，经过浸泡、煮、炒、炸制，再配以香、辣、麻、咸、甜等调味料，制作成不同风味的小食品。利用膨化技术来生产蚕豆的脆片不仅可增加蚕豆风味食品的种类，而且可为蚕豆资源的开发提供一条新的途径。

2. 材料与设备

加工用材料为新鲜的蚕豆，主要辅料有糯米粉、面粉、玉米淀粉、食盐、辣椒粉、味精、花椒粉、孜然粉、棕榈油、蔗糖酯、羧甲基纤维素钠、黄原胶等。

加工用主要设备有搅拌机、电热鼓风干燥箱、电子天平、电磁炉、分样筛、不锈钢锅等。

3. 工艺流程

蚕豆→清洗→浸泡→去皮→蒸煮→磨浆→搅拌成团（面粉、糯米粉、食盐、添加剂）

成品←调味←油炸←干燥←切片←搓揉成条┘

4. 操作要点

（1）原料选择与处理　选择成熟的蚕豆，浸泡至溶胀，经去皮、蒸煮、磨浆、用 160 目的网筛挤压筛分制得原料。

（2）配料　先将糯米粉、面粉、食盐、乳化剂、增稠剂等按比例混合均匀，然后将处理好的蚕豆泥原料加入，进行调配。主辅料的比例为蚕豆泥 45%、糯米粉 14%、面粉 14%、食盐 1%、羧甲基纤维素钠 0.6%、蔗糖酯 0.5%。

（3）切片、干燥　将调配好的混合料搓成直径为 5cm 左右的圆柱状条，注意要压紧搓实，以便将内部空气挤出，至切面无气孔为止。然后切成厚度为

1mm 的薄片，放入干燥箱中，在 50℃条件下进行干燥，控制坯料的含水量在 8％左右。

（4）膨化　以棕榈油为油炸膨化剂，因为棕榈油性质较稳定，不易氧化变质，产品色泽好。油炸温度控制在 140℃，要求油炸冷却后的产品酥脆，不能出现焦煳现象。

（5）调味　可按所需口味配制调味料，一般可用椒盐、孜然粉等混合味的调味料进行调味。

第七章 果蔬花卉产品的微胶囊技术与应用

第一节 微胶囊技术概述

微胶囊（micro-encapsulation）技术，也称微胶囊造粒技术，是一项用途广泛而又发展迅速的新技术。微胶囊技术起源于 20 世纪 50 年代，继而在 20 世纪 60 年代，由于利用相分离技术将物质包覆于高分子材料中，制成了能定时释放药物的微胶囊，推动了微胶囊技术的进一步发展。目前，微胶囊技术已应用到包括医药、农业、化学品、食品加工、化妆品等工业的几乎所有产业中，引起了世界范围内的广泛关注。微胶囊化方法已经在几个不同技术领域得到了发展，作为一项高新技术，已经成为各国学者竞相研究的热点。

微胶囊技术是一种用成膜材料把固体或液体材料包覆成微小粒子的技术，得到的微小粒子称为微胶囊，一般粒子直径的大小在 $1\sim1000\mu m$。把包在微胶囊内部的物质称为芯材（也可称为囊芯物质）。囊芯可以是固体，也可以是液体或气体。固体粒子微胶囊的形状几乎与囊内固体一样，而含液体或气体的微胶囊是球形的，另外还可制成椭圆形、腰形、谷粒形、块状与絮状形态。微胶囊外部由成膜材料形成的包覆膜称为壳材（也可称为壁材或包囊材料）。微胶囊具有改变物质外观及性质，以及延长和控制膜内物质的释放，提高贮存稳定性，将不可混溶成分隔离等作用。微胶囊技术应用于食品工业始于 20 世纪 80 年代中期，这一新技术正在食品工业开发新产品、更新传统工艺和提高产品质量中发挥着越来越大的作用。

微胶囊技术应用于食品工业，解决了食品工业的部分难题，许多由于技术障碍而得不到开发的产品，通过微胶囊技术得以实现，使得传统产品的品质得到大大的提高，极大地推动了食品工业由低级的农产品初加工向高级产品的转变，它与超微粉碎技术、生物技术、膜技术和热压反应等相结合，为食品工业开发应用高新技术展现了良好前景。

一、微胶囊技术的概念

微胶囊是指一种具有天然或合成的高分子聚合物壁壳的微型容器或包埋物，可将固体、液体或气体物质包埋，形成直径几微米至上千微米的微小容器的技术。也就是利用性能较稳定的天然或合成的高分子物质作壁材，将性能不稳定的固体、液体和气体等芯材物质包埋、封存起来的操作过程。食品中的微胶囊在一定条件下，当壁材溶解、熔化或破裂时，芯材释放出来，被人体吸收利用。

采用微胶囊技术，可开发多种食品配料、营养强化剂及食品添加剂，以满足食品工业需要和消费者需求。微胶囊技术在食品工业中具有独特的优越性：第一，微胶囊技术能有效减少活性物质与外界环境因素（如光、氧、水）的反应；第二，微胶囊技术能减少芯材向环境的扩散或蒸发；第三，微胶囊技术能控制芯材的释放，掩盖芯材的异味；第四，微胶囊技术能改变芯材的物理、化学性质，提高其贮藏稳定性、溶解性和流动性；第五，微胶囊技术能使易相互反应的组分得到分离，由此可以解决用通常技术手段无法解决的工业问题；第六，微胶囊技术能降低食品添加剂的毒性；第七，微胶囊技术能防止食品腐败变质等。

二、微胶囊技术的原理

目前微胶囊的造粒方法主要有化学方法和物理方法，化学造粒方法主要有聚合法（界面分离法）和包接化合法等；物理造粒方法主要有喷雾干燥法（喷雾冷干燥法）、流床被覆法、离芯挤压法、转筒悬浮分离法等。在造粒过程中可依芯材物质所需胶囊化程度选择适当造粒方式及包覆材料，以制备不同粒径大小的微胶囊粒子。

微胶囊技术实质上是一种包装技术，其效果的好坏与"包装材料"壁材的选择紧密相关，而壁材的组成又决定了微胶囊产品的一些性能，如溶解性、缓释性、流动性等，同时还对胶囊化工艺方法有一定影响，因此壁材的选择是进行微胶囊技术首先要解决的问题。作为理想的壁材在高浓度时应该具有良好的流动性，以保证在胶囊化过程中有良好的可操作性能；应能够乳化芯材并能形成稳定的乳化体系。

在进行微胶囊加工及贮存过程中，应把芯材完整包埋在其结构中，这样对包裹材料要求就较高，一般应选择易干燥、易脱溶，并具有良好的溶解性、可食性、经济性的壁材。微胶囊技术中常用壁材主要有碳水化合物、蛋白质、脂质等。微胶囊造粒过程就是物质微粒（核芯）的包衣过程，一般可分为四个步骤。

第一步，将芯材分散入做胶囊化的介质中。

第二步，再将壁材放入该分散体系中。

第三步，通过某种方法将壁材聚集、沉积或包覆在已分散的芯材周围。

第四步，这样形成的微胶囊膜壁在很多情况下是不稳定的，尚需要用化学或物理的方法进行处理，以达到一定的机械强度。

利用不同技术形成的微胶囊种类较多，因此有多种分类方法。从芯材结构来看，可分为单核和复核微胶囊；从壁材结构来看，可分为单层膜和多层膜微胶囊；从壁材组成来看，可分为无机膜和有机膜微胶囊；从透过性来看，又可分为不透和半透性微胶囊（半透性微胶囊通常称为缓释微胶囊）等。

三、微胶囊技术的特点和作用

1. 微胶囊技术的特点

对于食品工业来说，使用微胶囊技术可以使纯天然的风味配料、生理活性物质融入食品体系，并能保持生理活性，它可以使许多传统的工艺过程得到简化，同时也可使许多用传统技术手段无法解决的工艺问题得到解决。此外，该技术在食品业的应用还具有以下特点。

① 使食品稳定性大大增强，封闭的胶囊外壁可有效地阻止外界因素，如氧气、光线、温度、湿度对被包封物质的损害，极大地提高了产品的稳定性。

② 改变食品中营养素的物理状态及溶解特性，可将油状的营养素，如维生素 A 油、维生素 D 油、维生素 E 油、二十二碳六烯酸（DHA）油、二十碳五烯酸（EPA）油等，经微胶囊化制成粉末状的产品，非常便于生产使用，而且易溶于水。

③ 将食品中各种易于相互反应或拮抗的成分经过微胶囊化制成粉末状的产品，可使它们相互隔离开，避免了互相反应，便于生产使用。

④ 改进产品风味，某些营养素及降解产物具有严重的不良风味，如维生素 B_1、维生素 B_2 的药腥味等，微胶囊化后的产品可以从根本上掩盖这些不良风味。

⑤ 改善产品色泽，一些营养素及降解产物如维生素 B_2、铁盐等常常造成产品色泽劣变，微胶囊化产品可使这种现象得到根本改善。

⑥ 控制物质释放的条件，使其稳定地到达某一特定的条件或位点发挥作用（例如可使一些营养素在胃中或肠中释放），从而避免了在加工、贮藏及冲调、食用过程中的损失。

2. 微胶囊技术的作用

许多物质，不管是气体、液体还是固体，也无论是具有亲水性或具有亲油性，一般均可以被包囊，即形成微胶囊。微胶囊之所以被广泛地应用于工业品，是由于通过对物质进行胶囊化可实现许多目的。广义地说，微胶囊具有改善和提高物质外观及其性质的能力。具体地讲，其主要有以下 6 个方面的作用。

（1）改善物质物理性质 如可通过微胶囊将液态物质改制成固态剂型，改变物质密度，改善其流动性、可压性、分散性等。

（2）缓释控制 通过选择不同囊材组合和配比，可使囊芯物质在适当条件下缓慢或立即释放。该性质已在医药、农业和化肥行业里得到广泛应用。

（3）改善稳定性，保护囊芯物质免受环境影响 有些物质很容易受氧气、温度、水分、紫外线等各种环境因素影响，通过微胶囊化，可使囊芯物质与外界环境相隔离。

（4）降低对健康危害、减少毒副作用 如硫酸亚铁、阿司匹林等药物包囊后，可通过控制释放速度以减轻对肠胃的副作用。对于制药工业来说，可采用微胶囊技术制造靶制剂，达到定向释放的效果。

（5）屏蔽味道和气味 微胶囊化可用于掩饰某些化合物令人不愉快的味道和气味。

（6）减少复方制剂配伍禁忌 对于原料中相拮抗的物质，采用微胶囊化隔离各成分，可阻止活性成分之间化学反应，故能保持其有效成分的稳定性。

第二节 微胶囊的组成

微胶囊主要由芯材和壁材组成。

一、微胶囊的芯材

芯材也称为囊芯物质，可以是单一的固体、液体或气体，也可以是固液、液液、固固或气液的混合体等。既可以是食品中的天然组分，也可以是食品添加剂，其选择具有很大的灵活性。多数的气体、液体或固体材料均可包封于囊体内，它们可以是亲水的，也可以是疏水的。

微胶囊技术目前在多种行业中得到应用，所以制作微胶囊的芯材种类也比较多，常见的芯材主要有以下几种类型。

1. 溶剂类

属于溶剂的芯材有苯、甲苯、氯化联苯、环己烷、石蜡、酯类、醚类、酮类、醇类、水和甘油等。

2. 增塑剂类

增塑剂类芯材有邻苯二甲酸酯、己二酸酯、磷酸酯、硅酮、氯化联苯和氯化石蜡等。

3. 酸类和碱类

酸碱类芯材主要有发烟硝酸、硼酸、苛性碱和胺类等。

4. 色料类

色料类芯材是指颜料、染料和隐色染料等。

5. 燃料类

燃料类芯材有核燃料、火箭燃料、汽油和煤油等。

6. 催化剂类

催化剂类芯材包括固化剂、氧化剂、还原剂和引发剂等。

7. 黏合剂类

黏合剂类芯材有多硫化物、胺类、环氧树脂和异氰酸酯等。

8. 香料类

香料类芯材主要有薄荷醇、硫醇和香精等。

9. 复制材料类

复制材料类芯材主要有静电印刷技术用的调色剂、卤化银、黏合剂、显影剂、定影剂、墨水、磁性粉末、重氮化合物、光敏树脂、液晶和彩色摄影技术中用的一些化合物等。

10. 药物类

药物类芯材主要有阿司匹林、维生素、氨基酸和中成药等。

11. 生物材料类

该类芯材主要有血红蛋白、动物胶、酶、酵母、细菌和病毒等。

12. 食品类

在食品及饮料工业中，可作为芯材的物质有：生物活性物质（如活性多糖、茶多酚、SOD 等），各种氨基酸、矿物质元素，各种食用油脂、维生素、香辛料香精，各种酶制剂、防腐剂。此外甜味剂、酒类、微生物细胞、酸味剂、色素、酱油等也可作为囊芯物质。

13. 农用化学药剂类

该类芯材有除草剂、杀虫剂和化肥等。

14. 泡胀剂类

该类芯材是指偶氮化合物、碳酸氢钠和发酵粉等。

15. 防锈剂类

防锈剂类芯材主要是铬酸锌等。

16. 其他类

其他类芯材有纤维束、化学灭火剂、鞋油、洗涤剂、黏土、银和磷等。

在微胶囊制作时，芯材与壁材的溶解性能必须是不同的，即水溶性囊芯只能用油溶（疏水）性壁材包覆，而油溶性囊芯只能用水溶性壁材。为实现包囊化，包囊膜的表面张力应小于囊芯物的表面张力，且包囊材料不与囊芯发生反应。

二、微胶囊的壁材

微胶囊技术又称"包埋技术"，因此对于一种微胶囊产品来说，选取适当的包裹材料是非常重要的。不同的壁材组成在很大程度上可决定该微胶囊的物理、化学性质，同时它还对微胶囊化工艺方法有一定的影响。微胶囊壁材的特性是影响微胶囊特性的至关重要的因素。

为了充分体现壁材的固化性、渗透性和可降解性，在选择微胶囊壁材时，应考虑如下几个方面：一是在高浓度时有良好的流动性，以保证在微胶囊化过程中有良好的可操作性能；二是能够乳化芯材并能稳定产生的乳化体系；三是在加工过程以及贮存过程中能够将芯材完整地包埋在其结构中；四是易干燥和便于脱落；五是要有良好的溶解性；六是要有可食性与经济性。但在生产中通常一种材料很难同时具备上述性能，因此微胶囊技术中常采用几种壁材混合在一起进行复合使用。

1. 按壁材的来源分类

（1）天然的高分子材料　天然的高分子材料是当前最常用的一类壁材，这类材料具有无毒、成膜性能好和稳定性良好等特点。这类材料中经常使用的主要有明胶、阿拉伯胶、桃胶、海藻酸钠和环糊精等。

（2）半合成的高分子材料　半合成的高分子材料为一些纤维素衍生物，它们的特点是毒性低、黏度大，成盐后溶解度增加。但这类材料由于易水解，因此不宜高温处理，所以应用时应临用时新鲜配制。半合成的高分子材料经常使用的有羧甲基纤维素钠、邻苯二甲酸醋酸纤维素、甲基纤维素和乙基纤维素等。

（3）全合成的高分子材料　全合成的高分子材料是一类成膜性和化学稳定性均好的包裹材料，特别是在体内可以生物降解的囊材是近年来比较受欢迎的高分子材料。常用的全合成高分子材料主要有聚乙二醇、聚乙烯醇、聚酰胺和聚乙烯吡咯烷酮等。

2. 按壁材的组成分类

（1）碳水化合物类　碳水化合物类壁材主要有变性淀粉、麦芽糊精、玉米糖浆、环糊精、蔗糖、乳糖等。其中麦芽糊精、玉米糖浆、蔗糖较为实用，玉米糖浆价格较高，麦芽糊精与蔗糖最具实用性。麦芽糊精因结构上不具备亲脂基，乳化性和成膜性差；但由于其价格低廉、溶解度高、黏度低等优点，常作为填充剂与其他具有乳化性能的壁材复配后使用。

（2）蛋白质类　蛋白质类壁材主要有明胶、骨胶、纤维蛋白原、乳清蛋白、酪蛋白、氨基酸、血红蛋白和鸡蛋清蛋白等。

（3）植物胶类　植物胶类有阿拉伯树胶、琼脂、海藻酸钠、鹿角胶和葡萄糖硫酸酯等。

（4）纤维素类　纤维素类主要是合成和半合成制品，如硝酸纤维素、乙基纤维素、羧甲基纤维素和乙酸纤维素等。

（5）缩聚物类　用于壁材的缩聚物有尼龙、涤纶、氯氨酯、聚脲、聚碳酸酯、甲醛-萘磺酸缩聚物、氨基树脂类、醇酸树脂类和硅树脂类等。

（6）共聚物类　用于壁材的共聚物有乙烯或甲氧基乙烯与马来酸酐共聚物、丙烯酸共聚物及甲基丙烯酸共聚物等。

（7）均聚物类　用于壁材的均聚物有聚氯乙烯、脲醛树脂、聚乙烯、聚苯乙烯、聚醋酸乙烯、聚丙烯酰胺、聚乙烯基苯磺酸、聚乙烯醇和某些合成橡胶等。

（8）疗效聚合物类　用于壁材的疗效聚合物主要有环氧树脂、硝化树脂和硝化聚苯乙烯等。

（9）蜡类　用于壁材的蜡类物质主要有蜡、石蜡、松香、紫胶、硬脂酸、甘油酸酯、蜂蜡、油类、脂肪类和硬化油类等。

（10）无机材料类　用于壁材的无机材料主要有硫酸钙、石墨、硅酸盐、铝、矾土、铜、银、玻璃和黏土类等。

另外，就微胶囊的结构而言，从最初的单层微胶囊，已经发展到双层、三层微胶囊。微胶囊壁材的选择对于微胶囊产品的性能往往起决定性作用。针对不同芯材和微胶囊的不同用处，应选用不同的壁材，选择壁材应考虑芯材的性质以及对周围介质的影响，同时还要考虑壁材的固化性、渗透性、可降解性等，以满足产品的需要。

三、食品微胶囊壁材

食品由于其特殊性，对壁材的要求更高，一般常用天然高分子化合物作为食品上使用的壁材。在食品微胶囊的壁材选择上，首先应无毒，应符合 GRAS 食品要求或国家食品添加剂标准要求；其次必须性能稳定，不与芯材发生反应，且应具有一定的强度；最后应具有一定的耐性，应耐磨损、耐挤压、耐热等。最常用的食品微胶囊壁材为植物胶，如阿拉伯胶、海藻酸钠、卡拉胶、琼脂等；其次是淀粉及其衍生物，如各种类型的糊精、低聚糖等。

1. 麦芽糊精和玉米糖浆

麦芽糊精是具有营养价值的多聚糖，它由 D-葡萄糖通过 α-1,4-糖苷键连接而成，是淀粉经酸和酶部分水解的产物。淀粉水解时，DE 值低于 20 的产物即为麦芽糊精，而 DE 值大于或等于 20 的产物为玉米糖浆。麦芽糊精和玉米糖浆用作微胶囊壁材时在性质上非常相似。

麦芽糊精和玉米糖浆用作壁材具有不易吸水、水溶性好、价格便宜等特点，是微胶囊壁材上经常使用的材料，但麦芽糊精和玉米糖浆的乳化稳定性差，在进行微胶囊化时，需与阿拉伯胶、淀粉等混合使用，以改善其乳化稳定性。

2. 变性淀粉

普通淀粉由于没有亲油基，所以没有乳化活性，不能用它作为壁材，必须将其进行化学变性，引入亲油基，使其具有乳化活性，才能用作壁材。目前这种经变性的淀粉种类很多，主要是以玉米淀粉、马铃薯淀粉等为原料经化学修饰而得到的。

变性淀粉对喷雾干燥产品易挥发成分的保留性很好，黏度很低；变性淀粉能增强乳状液的稳定性，可配制成小颗粒的乳状液。但用变性淀粉制作的壁材抗氧化性较差。

3. 环糊精

环糊精是 D-吡喃型葡萄糖以 α-1,4-糖苷键连接而成的环状多糖，环糊精的性质非常特殊，其分子的中心部分具有疏水性，而外表面具有亲水性。环糊精具有良好的热稳定性，它是典型的结晶物质，将它加热到 100℃时，结晶水开始蒸发，继续加热至 300℃时，环糊精发生热分解，同时晶体熔化。

环糊精能提高有机化合物的溶解度，并能消除浆液的浑浊；可降低某些物质的溶解度，用以去除、分离一些食物中的组分；环糊精具有较强的稳定性，可防止或减缓许多化合物的自然降解；环糊精与一些挥发物质络合后，可降低这些物质的挥发，减少损失；环糊精可用来掩蔽某些食品的异味和对人体的刺激，使产品更加可口，食用更为方便等。

4. 阿拉伯胶

阿拉伯胶是天然的植物胶，是由一种阿拉伯树的枝干渗出的液体，经加工处理后制成的阿拉伯树胶。阿拉伯胶是一种多聚物，含 D-葡萄糖醛酸、L-鼠李糖等，还含有约 5％的起乳化作用的蛋白质。

阿拉伯胶的相对分子质量很大，但它的水溶性很好，可溶至 50％，且其水溶液黏度低。用阿拉伯胶作壁材其固形物含量可达 35％，且其耐酸性好、成膜性好，是重要的壁材之一。

5. 明胶

明胶是胶原纤维的衍生物，是构成各种动物皮、骨等结缔组织的主要成分，如果将动物的皮或骨加以处理，加热水解即可获得胶原的水解产物——明胶。

在明胶的分子链上的多数集团是亲水性的，所以一切水溶性的物质都可以在明胶的胶液中均匀、稳定地分散，且明胶蛋白成膜性良好，同时胶凝后的明胶溶液具有承受一定压力的能力，所以用明胶作为壁材制成的各种微胶囊具有良好的弹性和抗挤压强度，质地优于用琼脂、淀粉、阿拉伯胶、果胶等为壁材所制得的微胶囊。另外，由于明胶的熔点和凝点较低，低于人体温度，所以明胶微胶囊制品具有入口即化的优点。明胶既是良好的稳定剂，也具有较高的黏度，并具有良好的协同作用，是作壁材的良好材料。

6. 琼脂

琼脂是从石花菜藻和江蓠藻之类的红海藻中提取的多糖，它的水溶液浓度即使低于1‰时，仍可形成具有一定强度的稳定凝胶。琼脂是一种至少含有两种多糖的混合物，一种是琼脂糖，另一种是琼脂果胶。其大分子链由以1,3-糖苷键交替相连的 β-D-吡喃半乳糖和3,6-脱水-α-L-吡喃半乳糖重复单元组成。琼脂在用作微胶囊壁材时，应根据需要加入一定量的添加剂。

第三节 微胶囊化方法

微胶囊技术的具体方法有20多种，依据造粒原理的不同分为物理法、化学法和物理化学法3类。物理方法有喷雾干燥法、喷雾凝冻法、空气悬浮法、真空蒸发沉积法、静电结合法和多孔离心法等；化学方法有界面聚合法、厚位聚合法、分子包埋法和辐照包囊法；物理化学方法有水相分离法、油相分离法、囊芯交换法、挤压法、锐孔法、粉末床法、熔化分散法、复液法等。同时随着微胶囊技术的不断完善，还会开发出新型的微胶囊生产技术。

一、喷雾干燥法

1. 制备说明

喷雾干燥法是食品工业中应用最广泛的微胶囊化方法。喷雾干燥法具有操作简单、成本低、颗粒均匀、溶解性好等优点，是目前最常用的微胶囊技术。喷雾干燥法适用于热敏性物质的微胶囊化，处理量大，适宜工业化连续性作业。但喷雾干燥法也存在着包埋率低、设备笨重、耗能大等缺点。

喷雾干燥法所用的芯材通常是香辛料等风味物质和油类，壁材常选用明胶、阿拉伯胶、变性淀粉、蛋白质、纤维素等食品级胶体。影响因素是芯材与壁材的比例、初始溶液浓度、黏度及温度。此外，壁材的物理性质也决定着囊壁的性能。

由于喷雾干燥的干燥速度很快，且物料温度不会超过气流温度，喷雾干燥法很适于热敏材料的微胶囊化。但喷雾干燥法有两点不足：一是蒸发温度高且暴露在有机溶剂/空气中，活性物质易失活；二是由于溶剂的快速除去，囊壁上易有缝隙，致密性差。但这些缺陷在低温操作下可避免。

2. 制备原理

喷雾干燥制备微胶囊的基本原理是将芯材物质分散于壁材溶液中，混合均匀，再在热气流中进行喷雾雾化，使得溶解芯材的溶剂迅速蒸发，最终得到微胶囊粉末产品。制备过程中，首先是制备芯材和壁材的混合乳化液，然后将乳化液在干燥器内进行喷雾干燥，即得成品。壁材在遇热时形成一种网状结构，起着筛分作用，水或其他溶剂等小分子物质因热蒸发而透过"网孔"顺利地移出，分子较大的芯材滞留在"网"内，使微胶囊粒成型。

喷雾干燥法制备微胶囊的主要特点：一是速率高，时间短，物料温度低；二是产品具有良好的分散性和溶解性；三是产品纯度高；四是生产过程简单，操作灵活，控制方便，适用于连续化生产；五是生产成本低等。近年来，喷雾干燥制备微胶囊技术已在食品工业受到了广泛的关注，研究工作正在深入展开。它在制备热敏性、易挥发油性物质方面具有相当的优势。

3. 制备过程

在利用喷雾干燥法制备微胶囊过程中，首先将囊芯物质分散在预先经过液化的包囊材料的溶液中，然后将此混合液在热气流中进行雾化，以使溶解包囊材料的溶剂迅速蒸发，从而使囊膜固化并最终使得被包覆的囊芯物质微胶囊化。喷雾干燥制备微胶囊主要分为制备稳定的乳化液及对乳化液喷雾干燥两个工艺过程。在制备乳化液过程中，其乳化温度、时间、均质条件、浓度都会影响乳化液的黏度和稳定性，而壁材的选择更是至关重要，它直接关系到微胶囊制备的成败。喷雾干燥过程的重要工艺参数有进出风温度、料液固形物含量、进料温度、进料流量及雾化器转速，这些工艺参数也都会直接影响微胶囊产品的质量。

传统喷雾干燥法的工艺流程为：

芯材＋壁材→混合→均质→乳状液→喷雾、干燥→成品

4. 喷雾干燥制备微胶囊技术在食品工业上的应用

（1）在食品添加剂中的应用　微胶囊香料是最早应用喷雾干燥技术制备的。此技术的应用，大大提高了香料耐氧、光、热的能力，提高了各种香料和风味物质的可加工性和稳定性，延长了贮存期，大大拓宽了香料和风味物质的使用范围。

微胶囊化香料和风味物质作为添加剂已应用于食品工业的许多方面。如焙烤食品时，将桂皮醛以脂肪微胶囊形式，添加于发酵食品中，既达到了保证食品风味要求，又不妨碍发酵的目的。生产糖果时，加入 β-环糊精包埋的薄荷油，能防止加工过程中薄荷油的损失。木瓜蛋白酶为巯基酶，对动植物蛋白质有较强的水解能力，能使其水解成肽和氨基酸，但作为一种酶制剂，木瓜蛋白酶易被氧化失活，且耐热性差，易与金属离子发生反应，用 β-环糊精喷雾干燥制成微胶囊可防止其氧化失活，减轻木瓜的特殊气味，提高其热稳定性和利用率，从而拓宽了其在食品、医药、饲料等行业中的应用。奶油香精微胶囊化后，可避免香味物质直接受热、光影响而引起的氧化变质，提高奶油香精的稳定性。在口香糖中加入微胶囊风味物质，可在食用时即刻释放香味，使得口味更浓厚。另外几乎所有的油脂如芝麻油、花生油、棉籽油、大豆油、色拉油、猪油、玉米油、椰子油、苏子油等均可经喷雾干燥制成微胶囊，将其转化成固体粉末油脂，从而可方便地

用作各种食品添加剂。

（2）在营养食品中的应用　鱼油是人们关注的食品。鱼油中含有 DHA、EPA 等，能有效降低人体血清胆固醇、低密度脂蛋白，减少心血管疾病的发生；并具有抗凝血、消炎、抗癌等作用。DHA 还具有健脑益智、提高视力的功能，但 DHA 和 EPA 极易氧化。以大豆分离蛋白和麦芽糊精进行喷雾干燥微胶囊化包埋，可防止由于氧、光照等造成的变质，并可掩盖鱼油的不良风味和色泽。

另外，营养食品中的蜂胶具有抗菌、抗病毒、抗高血压、抗癌、促进组织再生、增强免疫功能等功效，用麦芽糊精等壁材包埋成包埋率高的微胶囊粉末，大大延长了蜂胶的保质期，深受大众喜爱。天然维生素 E 是生育酚类化合物的总称，它是油溶性的热敏性物质，难以与水溶性物质混溶，因此不易均匀地添加于食品、化妆品、药品等水溶性产品中，用水溶性壁材喷雾干燥制成微胶囊，既能保持维生素 E 的固有特性，又能弥补其易氧化和不易用于水溶性产品的缺点。

（3）在功能性食品中的应用　功能性食品是指产品不仅可作为营养食品食用，还可以作为其他食品或其他功能应用。目前研究较多的功能性食品有胡萝卜素、茶多酚、番茄红素、卵磷脂等。

茶多酚是一种木本植物油脂，富含不饱和脂肪酸，具有预防冠心病、延缓动脉粥样硬化的功能，通过微胶囊化可提高产品的分散、溶解、贮存性能，使之更便于应用。

磷脂的主要成分是磷脂酰胆碱（俗称卵磷脂）和磷脂酰乙醇胺，磷脂酰乙醇胺参与细胞代谢和执行各种功能，卵磷脂参与身体组织各种代谢活动，组成各种免疫物质。磷脂占大脑干重的 30%，是大脑中神经信息传递的重要物质。磷脂具有降血脂、调节神经系统、营养保健等功效，且无毒副作用，是一种极具开发潜力的功能性食品，已引起研究者的广泛关注。但磷脂分子中同时含有大量的不饱和脂肪酸、磷脂酰基，这些物质易受温度、水分、光照、氧气的影响，使磷脂变质，磷脂吸水吸湿后发生溶胀，更难以食用。磷脂的微胶囊制备技术能克服磷脂产品易吸潮、易氧化、不易溶解、黏结不易分散的缺点，从而使磷脂能长期、有效、充分地作为各种功能食品、食品助剂、功能性活性物质被人们食用。

番茄红素是无环类胡萝卜素，具有独特的共轭双键长链，是胡萝卜素合成过程的中间产物。番茄红素是安全无毒的天然色素，在西方已被多数国家批准使用于食品、化妆品和药品。番茄红素具有优越的生理功能，其抗氧化性能在类胡萝卜素中最强，具有抗癌、防癌的作用，并能消除香烟和汽车废气中的有毒物质，特别是还具有活化免疫细胞的功能。因此番茄红素是一种很有开发前景的功能性天然色素。但番茄红素属于脂溶性物质，并且对光和氧十分敏感，这大大限制了它的使用。采用喷雾干燥微胶囊化工艺技术包囊番茄红素，可改善其对光和氧的稳定性，从而起到保护作用，减少损失，有利于产品的包装和运输，还可提高它在功能性产品中的可用性，促进其生理功能的发挥。

（4）在其他食品领域的应用　近年来随着各种方便食品的开发，酸味剂的品种也越来越丰富。但如果把某些酸味剂直接添加到食品配料中，酸味剂会与果胶、蛋白质、淀粉等成分发生反应，而使食品发生变质。另外，添加酸味剂可促进食品氧化，改变配料系统的 pH 值，增加原料食品的吸湿性等。采用喷雾干燥微胶囊制备技术，将酸味剂包埋起来，可大大减少酸味剂与外界的接触，从而可保证食品的品质及贮藏期。目前，微胶囊化柠檬酸、乳酸、苹果酸等产品已商品化，广泛用于馅饼填充物、点心粉、固体饮料及肉类等食品加工业中。

食品中加入的防腐剂也是影响食品品质的一个重要指标。微胶囊化防腐剂类产品主要利用微胶囊的控制释放及缓释的特点，避免在加工过程由于直接加入山梨酸、苯甲酸等防腐剂而影响食品质量，也是目前国内外研究的一个重点。把食品防腐剂微胶囊化后，可以减少添加量，控制缓效释放，达到对使用者健康有利的目的。微胶囊化低度乙醇杀菌防腐剂，是采用改性淀粉、乙基纤维素、硅胶等为壁材制作而成的高浓度固体防腐剂，应用于食品、水果的包装袋中，通过缓慢释放乙醇蒸气而达到杀菌目的。

其他应用喷雾干燥微胶囊化方法制备的还有微胶囊甜味剂、微胶囊天然色素、微胶囊化固定化酶等。这些产品在食品工业中都有广泛的应用前景。

二、挤压法

1. 制备说明

挤压法是一种比较新的微胶囊技术，特别适用于包埋各种风味物质、香辛料类物质、维生素 C 和色素等热敏感性物质，其处理过程采用低温方式。

挤压法微胶囊技术是 Swisher 于 1957 年首次应用在香精的微胶囊造粒上的，香精（芯材）在合适的乳化剂和抗氧化剂作用下与呈熔融状的糖混合，水解淀粉混合物（壁材）混合乳化于密闭的加压器中，所形成的胶囊化初始溶液通过压力模头挤成一条条很细的细丝状，落入兼冷凝和固化双重功能的异丙醇中，在搅拌作用下将细丝打断成细小的棒状颗粒（长度约 1mm），再从异丙醇中分离出这些湿颗粒，经水洗干燥后得到最终产品。此法中芯材基本上是在低温下操作，对热不稳定物质的包囊特别适合，已在胶囊化香精、香料、维生素 C 等产品上得到广泛应用，国内外已问世了一百多种采用此法制造的微胶囊化粉末香料。此法中由于产品颗粒表面未被包埋的芯材物质可由醇类完全洗去，所以产品表现出很好的货架稳定性，一般可存两年，而在喷雾干燥法中，由于芯材可能暴露在产品颗粒表面而被氧化，降低了产品的耐贮性，所以喷雾干燥法所得产品不如挤压法的稳定。

2. 制备原理

挤压法微胶囊技术是一种低温包埋工艺，它是目前最受推崇的香精香料微胶囊化的方法。它是将芯材物质分散于熔融的糖类物质中，将其挤压成细丝状，再挤入脱水溶液后，糖类物质凝固，芯材被包埋于其中，再经破碎、分离、干燥后即得到成品。挤压法具有对风味物质损害小、货架寿命长、防止风味物质挥发等优点，但不足之处是产品的得率低，只有70%，而喷雾干燥法可达90%～95%。

挤压法中所用的壁材通常由蔗糖、麦芽糊精、葡萄糖浆、甘油和葡萄糖中的几种成分组成，这些成分可减少贮藏期间的结晶作用以避免香精香料的损失。

3. 制备过程

① 将芯材分散到熔融的糖类物质中。

② 将混合液装入密封容器，在压传台上利用压力作用压迫混合液通过一组膜孔而形成丝状液，挤入吸水剂中。

③ 当丝状混合液与吸水剂接触后，液状的壁材会脱水、硬化，将芯材包裹在里面成为丝状固体。

④ 将丝状固体打碎，并从液体中分离出来，干燥，成型。

三、凝聚法

1. 制备说明

凝聚法又称相分离法，是在壁材和芯材的混合物中加入另一种物质或溶剂，使包埋物的溶解度降低，从混合液中凝聚出来形成微胶囊的方法。此法是 NCR 公司在 20 世纪 50 年代发展起来的，可制得十分微小的胶囊颗粒，被认为是最早的真正微胶囊技术。

2. 制备原理

凝聚法分单、复凝聚法两种。单凝聚法是指以一种高分子化合物为壁材，将芯材分散其中后加入凝聚剂（乙醇或硫酸钠等亲水物），由于大量的水分与凝聚剂结合，致使包埋物的溶解度下降而凝聚成微胶囊。复凝聚法是指以两种相反电荷的壁材作包埋物，将芯材分散其中后，在一定条件下两种壁材由于电荷间的相互作用，使溶解度下降而凝聚成微胶囊。壁膜形成后，还需通过热交联或去溶剂等方法使之进一步固化。然后用过滤、离心的方法收集胶囊，用适当溶剂洗涤，再通过喷雾干燥或流化床等方法生成自由流动的分散颗粒。

凝聚法的包埋率可达85%～90%。可凝聚形成微胶囊的聚阴离子有琼脂、海藻酸钠、羧甲基纤维素、果胶等，可代替价格昂贵的阿拉伯胶。此法效率高，但成本也高，是一种在食品工业中有潜在作用的包埋技术。一般认为凝聚法目前主要用途是包埋染料，用于无碳复写纸上，再有就是包埋香气成分，另外可用于涂布于推销商品的印刷品上，这种纸条一经摩擦可放出香气。

3. 产品质量和工艺

相分离法尽管是非常有效的微胶囊化技术，但其生产成本很高，而且由于在这种方法中尚缺少可使用的壁材来源，因此对于食品工业而言不是很现实。特别是由于采用油性溶剂作分散介质，因此油相分离法存在污染、易燃易爆、毒性等问题。另外，溶剂价格高，产品成本高。但利用油相分离法及天然高分子材料甲壳糖，包裹天然抗氧化剂茶多酚，制备的微胶囊不仅可起保护作用，且可延长抗氧化时间。

凝聚法的工艺流程为：

芯材＋壁材 A $\xrightarrow{\text{混合}}$ 乳化液 $\xrightarrow{\text{壁材 B}}$ 混合液 $\xrightarrow{\text{稀释}}$ 凝聚 $\longrightarrow$ 冷却 $\xrightarrow{\text{固膜剂}}$ 固化 $\longrightarrow$ 过滤 $\longrightarrow$ 干燥 $\longrightarrow$ 成品

四、界面聚合法

1. 制备说明

界面聚合法发生在两种不同的聚合物溶液之间，即将两种活性单体分别溶解在不同的溶剂中，当一种溶液被分散在另一种溶液中时，互相间可发生聚合反应，该反应是在两种溶液界面间进行的。界面聚合反应法已成为一种较新型的微胶囊化方法。利用界面聚合法可以使疏水材料的溶液或分散液微胶囊化，也可以使亲水材料的水溶液或分散液微胶囊化。由于这种方法中所用的壁材均不具可食性，因此在食品工业中还不具备实用价值。

2. 制备过程

① 通过适宜的乳化剂形成油/水乳液或水/油乳液，使被包囊物乳化。

② 加入反应物以引发聚合，在液滴表面形成聚合物膜。

③ 微胶囊从油相或水相中分离。

在界面反应制备微胶囊时，影响产品性能的重要因素是分散状态，搅拌速度、黏度及乳化剂、稳定剂的种类与用量对微胶囊的粒度分布、囊壁厚度等也有很大影响。作壁材的单体要求均是多官能度的，如多元胺、多异氰酸酯、多元醇等。反应单体的结构、比例不同，制备的微胶囊性能也不相同。用此法将不同量的 α-淀粉酶和牛血清蛋白溶解在缓冲液中，加入 Span80、环己烷，搅拌乳化，再加入含有对苯二酰氯的氯仿溶液，搅拌 30min，洗涤后可得微胶囊。

3. 产品质量

该法的优点是反应物从液相进入聚合反应区比从固相容易，所以界面反应制备微胶囊适宜于包囊液体，制得的微胶囊致密性较好；在聚合过程中，分散相和连续相均为提供活性单体的库源，与原位聚合法相比，该法的反应速率较快；反应条件温和，在室温即可进行，而且聚合物相对分子质量高；对单体纯度和配比要求不严格，即单体纯度和配比不是影响聚合物相对分子质量的主要因素；缩聚反应可达到不可逆。其缺点是经常会有一部分单体未参加成膜反应而遗留在微胶囊中，故在制备含水微胶囊时，经常混合无毒的乙二醇或甘油，既可起成膜单体的作用，又可作为水的阻滞剂。

五、分子包埋法

分子包埋法主要是利用具有特殊分子结构的糖苷键结合而成的具有环状结构的麦芽低聚糖——β-环糊精（β-CD），其独特的环状空间结构，可形成中心部位疏水、外表面亲水的空腔。当客体分子尺寸和理化性质与空腔匹配时，在范德瓦耳斯力和氢键的作用下，可形成稳定的包含物。由于β-CD本身无毒、相对价廉易得，因此20世纪80年代以来，许多发达国家已将其广泛应用于食品制造业。分子包埋法生产的微胶囊产品，在干燥状态下稳定，温度达到200℃也不分解。在湿润状态下，芯材易释放出来，这对食品的加香具有重要意义。它可用于包埋香精香料、微生物、色素、油脂等。但分子包埋法产品的载量低，一般为9%～14%，另外物质分子的大小和极性等因素也限制了其应用。

分子包埋法是将环糊精配制成饱和溶液，加入等摩尔量的芯材，混合后充分搅拌30min，即得到所需络合物。对一些溶解度大的芯材分子，其络合物在水中的溶解度也比较大，可加入有机溶剂促使析出沉淀，对不溶于水的固体芯材，须先用少量溶剂溶解后，再混入环糊精的饱和溶液中。用β-环糊精进行分子包埋已取得了令人满意的效果，其疏水中心可与许多物质形成包接络合物，将外来分子置于中心部位而完成包埋过程。

分子包埋法其工艺流程为：

芯材＋β-CD→混合物→沉淀→过滤→真空干燥→产品

六、喷雾凝冻法

喷雾凝冻法是一种与喷雾干燥法相似的微胶囊技术，相似之处是两者都是将芯材分散于已液化的壁材溶液中；不同之处是，凝冻法利用加热方法使壁材呈熔融状液体，加入芯材物质形成混合物，经喷雾冷凝，使表面转化成固体，形成固体颗粒。

此法适用的壁材有植物油、脂质和蜡，主要用于食品添加剂如硫化铁、酸味剂、维生素、固体风味物质、敏感性物质等的微胶囊化，特别适用于微波食品和挤压食品的香精香料的微胶囊化。其工艺流程成本低廉，工艺简单，且易于实现大规模工业化生产。缺点是对一些热敏性物料不适用。目前主要用于生产粉末油脂和粉末香料。

七、空气悬浮法

空气悬浮法又称流化床法或喷雾包衣法，该法是一种适合多种包囊材料的微胶囊化技术。空气悬浮法的原理是将芯材颗粒置于流化床中，冲入空气使芯材随气流做循环运动，溶解或熔融的壁材通过喷头雾化喷洒在悬浮上升的芯材颗粒上，并沉积于其表面，这样经过反复多次的循环，芯材颗粒表面可以包上厚度适中且均匀的壁材层，从而达到微胶囊化目的。

空气悬浮法可使包囊材料以溶剂、水溶液乳化剂分散体系或热溶物等形式进行包囊，通常只适用于包裹固体囊芯物质，一般多用于香精、香料及脂溶性维生素等微胶囊化。用此法制备的肠溶性双歧杆菌微胶囊可避免药物对胃酸环境的破坏，包囊率为 88% 以上，效果理想。

八、复相乳液法

该法是将壁材与芯材的混合物乳化再以液滴形状分散到介质中，形成双重乳状液，随后，通过加热、减压、搅拌、溶剂萃取、冷冻、干燥等手段将壁材中的溶剂去除，形成囊壁，再与介质分离得到微胶囊产品。根据所用微胶囊化介质的不同，可分为两种方法。

1. 水浴干燥法

此法首先形成 W/O 乳状液，再分散到水溶性介质中形成（W/O）/W 型乳状液，然后去除油相溶剂，使油相聚合物的芯材外硬化成壁。其操作过程包括：将成膜聚合物溶解在与水不混溶的溶剂（此溶剂的沸点比水高）中，芯材的水溶液分散在上述溶液中，形成 W/O 乳液。加入作保护胶稳定剂的溶液并分散开，形成（W/O）/W 复相乳液。除去囊壁中的溶剂，形成微胶囊。最后将溶剂用蒸发、萃取、沉淀、冷冻、干燥等手段除去。起始溶液的黏度、搅拌速度、温度及稳定剂的用量对微胶囊的粒度和产率有很大影响。可通过形成（W/O）/W 型乳液，再蒸发掉溶剂，制备包裹有促卵泡激素的聚 3-羟基丁酸酯微胶囊。此法也应用于过氧化氢酶的微胶囊化。

2. 油浴干燥法

先将芯材乳化至聚合物的水溶液形成 O/W 乳液，然后再将其分散到稳定的油性材料中，如液态石蜡、豆油，形成（O/W）/O 双重乳液，然后再除水，使水相聚合物的芯材外硬化成壁。其应用于鱼肝油的微胶囊化。

第四节 微胶囊技术的应用和发展趋势

一、微胶囊技术的应用

1. 在医药领域

微胶囊技术在医药方面的应用主要表现在，在增加药物的稳定性方面，一些受温度和 pH 影响较大的药物应当以聚合物为包衣。如果药物在 pH 较低的条件下稳定，则需以肠溶材料包衣或制备微胶囊以增加其稳定性。邻苯二甲酸羟丙基甲基纤维素（HPMCP）为肠溶聚合物，毒性低，可用于制备肠溶物。脂质体在生理条件下的稳定性是研制这类西药时重点要解决的问题，特别是口服脂质体，由于酶的水解作用和胆盐的增溶作用，它在胃肠道中的稳定性一般很不理想，以往的方法是对脂质体以聚合物包衣，以改善脂质体的稳定性。国外首先使用一简单的水化方法制备了阿司匹林多层脂质体，然后再使用复合凝聚法制备阿司匹林脂质体。其在 pH5.6 的胆酸钠溶液中的稳定性高于未经微囊化的阿司匹林脂质体。微囊化的脂质体，不仅改善了药物在生理环境中的稳定性，而且使药物具有缓释作用。聚合物脂质体微囊与聚合物包衣脂质体改善药物稳定性的作用相似，因而脂质体微囊化是解决口服脂质体稳定性的另一有效方法。微胶囊技术同时还克服了口服给药时药物在胃酸环境中的不稳定性和药物对胃壁的刺激作用，而不必利用其他给药途径，从而使更多的药物可经口服给药。另外，微胶囊在药物应用上还可达到延缓释放、减少毒副作用、改变药物的性状、掩盖不良异味与刺激性等目的。

2. 在环保和能源领域

在环境保护方面，在工业用水处理时，通常需要加入杀菌剂杀死细菌，以保证水质。这些活性杀菌剂通常气味难闻，而且为了达到杀菌效果，需要加入大量杀菌剂，导致浪费。将杀菌剂微胶囊化后，在水处理过程中，则通过在泵中或混合器中破囊和水解而释放出活性杀菌剂。

在黏合剂应用方面，脲醛树脂一直以其较低的价格和简单的工艺占据木材黏合剂市场很大份额。但这种树脂在使用中可以不断地释放出甲醛，造成空气污染，特别是家居环境的污染。目前国家已经颁布了家居环境中甲醛含量的限定标准。利用微胶囊技术来包覆甲醛的捕捉剂，使释放出的甲醛与捕捉剂反应，可以大大地减少甲醛的释放量，如木质人造板用的捕捉游离甲醛微胶囊产品和木质人造板用的防水、防潮、防霉微胶囊产品。

在农药利用方面，微胶囊是当前农药新型剂型中含量最高的一种。微胶囊技术应用于农药，可使农药具有低毒、缓释、减少用量等优点。在 21 世纪的今天，由于人们对安全、环境、生态的可持续发展的意识不断增强，微胶囊技术必将成为农药制剂的重要发展方向。

在能源利用方面，利用微胶囊技术包覆相变材料（PCM），可作为热的传递介质。利用微胶囊包覆相变材料，还可以增强热的传导性，应用于建筑材料，可使住宅具有自调温的功能，可大量节约能源。

3. 微胶囊技术在食品工业中的应用

（1）在香料方面的应用　在食品贮藏过程中，为防止香味的挥发和与其他物质发生反应，同时也为减少热和潮湿对食品香味的影响，可以应用微胶囊控制食品香味挥发、延长贮存期，以使香味能在食品中长期保存。如在口香糖、咖啡香料、蒜味香料组分、橙油等生产中使用微胶囊技术，不仅可提高产品香料含量，延长释放时间，而且有利于包囊香料的贮存，防止氧化。在香料的微胶囊技术中，一般应用明胶、阿拉伯胶、羧甲基纤维素、乙基纤维素、糊精、麦麸等作为壁材，用锐孔挤压、喷雾干燥、喷雾冷却等方法制备微胶囊。

（2）在乳制品方面的应用　在乳品生产中，应用微胶囊技术，可生产各种风味奶制品，如可乐奶粉、果味奶粉、姜汁奶粉、发泡奶粉、啤酒奶粉、粉末乳酒，以及膨化乳制品等。将大麦芽、啤酒花、香精以一定比例混合包埋后，再与奶粉、$NaHCO_3$ 等以一定比例混合，然后干燥、包装，即可制得保健啤酒奶粉，其具有冲调性好、啤酒风味突出、泡沫洁白细腻等特点。

（3）在茶饮料方面的应用　β-CD 较适合于包埋茶汤中的儿茶素等物质，有利于茶汤原有的风味和色泽。将红茶用水经 95℃ 萃取后迅速冷却至 35℃，再用β-CD 处理，过滤后可得澄清、透明、风味良好的茶饮料。在绿茶中，加入 β-CD 可包埋芳香物质，减少其在加热杀菌中的变化，并可包埋臭味物质。β-CD 还可提高速溶茶香气，防止茶叶提取物乳化，有利于速溶茶成型和防潮，延长其保质期。在利用微胶囊法生产酥油茶方面，采用微胶囊包埋技术结合传统制造方法，以 β-CD 和明胶等多种包埋材料复合为壁材，以酥油、生育酚（V）为芯材，利用喷雾干燥法进行微胶囊化处理，产品的包埋率可达 90％ 以上，同时通过二次造粒，改善了产品的流动性和溶解性。

（4）在糖果生产方面的应用　在糖果生产中，用 β-CD 包埋胡萝卜素、核黄素、叶绿素、甜菜红等，对糖果进行调色，经日光照射后不褪色。营养素经包埋后加入糖果中，可强化糖果营养，产品亦不会产生风味劣变、氧化酸败等，并能延长保质期。

用 β-CD 包埋大豆磷脂，并进行均质和喷雾干燥后加入糖果中，可明显掩盖其异味。香精经 β-CD 包埋后加入糖果中，其挥发性、热分解和氧化作用显著减慢。经微胶囊化的香精具有较大的稳定性和特殊的水溶性，制成干剂后有利于生产加工。在果汁奶糖的生产中，将果汁包埋后再加入奶粉、炼乳中制成奶糖，可防止果汁中的单宁、有机酸等成分与奶中的蛋白质等物质发生反应而变性和降低营养价值。

（5）在油脂生产中的应用　油脂是人们日常生活和食品加工的重要物质，但油脂易氧化变质，会对生产和生活带来影响。氧化后的油脂会产生不良风味，并引起机体的氧化，从而引发癌症和人体衰老。再有，油脂的流动性差，给调料和汤料在包装和食用时带来很大不便。如果把油脂经过微胶囊化处理，就可将油脂制成粉末，从而可克服油脂本身的缺点，使其成为性质稳定、取用方便、流动性好且营养价值高的优质原料。

(6) 在酸味剂上的应用 食品中常用的酸味剂有柠檬酸、苹果酸、酒石酸、乳酸、醋酸、磷酸等。由于酸味剂的酸味及刺激性，如果直接加至食品中，易使某些敏感成分劣变，另外，柠檬酸等具有较强的吸湿性，易使产品吸水结块霉变。因此，采用微胶囊技术，把酸味剂包埋起来，使其与外界环境隔离，可提高其稳定性，并可控制释放，使其持久恒定地发挥作用。如腌制肉品中添加微胶囊化乳酸和柠檬酸，通过控制熏烟温度，逐步释放出酸，从而保证了产品质量，免除了发酵工艺，使制造时间缩短了 5h。目前，微胶囊化柠檬酸、乳酸、苹果酸、抗坏血酸等产品已商品化，广泛应用于布丁粉、馅饼填充物、固体饮料及肉类的加工中。生产微胶囊化酸味剂通常使用物理方法，如在乳酸钙颗粒上喷涂乳酸形成乳酸微胶囊，或把酸味剂用氢化油脂、脂肪酸等脂质材料融化、涂布、包覆、冷却形成微胶囊或在流化床中形成包覆。

(7) 在饮料方面的应用 利用微胶囊技术制备固体饮料，可使产品颗粒均匀一致，并具有独特浓郁的香味，可在冷热水中均能迅速溶解，同时具有色泽与新鲜果汁相似、不易挥发、产品能长期保存等特点。芦荟中含有多种游离氨基酸和生物活性物质，其营养价值和有效成分都很高，但新鲜的芦荟汁液中有效成分的性质不稳定，易挥发，而且芦荟汁中有一种令人难以接受的青草味和苦涩味，直接应用于食品不易被人们接受。如采用微胶囊技术将其包埋处理，可减少或消除异味，稳定其性质，并能延长保存期。用 β-CD 为壁材制备芦荟微胶囊，采用真空冷冻干燥技术，可制得平均粒度为 $11.85\mu m$ 的芦荟微胶囊。

(8) 微胶囊化生理活性物质 生理活性物质（功能性食品基料）是功能保健食品中真正起作用的成分，这类物质包括膳食纤维、活性多糖、多不饱和脂肪酸、活性肽和活性蛋白质等。这类物质具有增强机体免疫力、调节人体新陈代谢、抗疲劳和防衰老、预防疾病等功能。但这类物质大多性质不稳定，极易受光、热、氧气、pH 值等因素的影响，或易与其他配料发生作用等，不仅失去了对人体的生理活性或保健功能，甚至可引起癌变等。微胶囊技术的应用，可在其贮藏期内保持其生理活性，发挥其营养和使用价值。

螺旋藻是营养成分全面而均衡的优质食品基料，但由于其具有特殊的藻腥味，使其在应用过程中受到了一定的限制，另外其细胞壁的特殊结构也影响了消化率。微胶囊化螺旋藻具有良好的水溶性，也大大降低了藻腥味，同时也增强了其贮藏稳定性。

另外，具有重要生理功能的双歧杆菌也可进行微胶囊化处理。双歧杆菌对人体健康是非常有益的，近年来国内外有许多双歧杆菌制品问世。但双歧杆菌对营养条件的要求较高，对氧极为敏感，对低 pH 值的抵抗力也较差，活性保持较困难，同时在含双歧杆菌的食品制剂中只有当双歧杆菌活菌数达到 10 个/mL 以上时，才能发挥正常的生理保健功能。所以只有制成双歧杆菌的微胶囊，才可有效地保持双歧杆菌的活性和稳定性。

（9）微胶囊化抗氧剂　茶多酚等在高温油炸下仍有较满意的抗氧化效果，能使油脂的使用寿命延长 4 倍以上。微胶囊抗氧化剂可提高产品的热稳定性，还可通过各抗氧剂单体之间以及与金属离子螯合剂之间的协同增效作用，使油脂的抗氧化能力显著提高，是应用于油脂及高温油炸食品的一种较安全、高效和成本较低的油脂抗氧化剂。

维生素 E 是一种天然的油溶性抗氧化剂，它的氧化物可以与抗坏血酸反应。用脂质体包埋维生素 E，可维持维生素 E 被包裹在脂质体壁内，而抗坏血酸盐被亲水相捕获。将微胶囊加到亲水相里，并被水油界面聚集。这样抗氧化剂就集中在氧化反应发生的地方，同时也避免了与其他食品组分的反应。

（10）微胶囊化防腐剂　一些常用的化学合成防腐剂对人体健康不利，许多国家的食品法规中有严格的限制。为了解决这些矛盾，人们研制开发出了防腐剂微胶囊。例如，将饮料、罐头等食品的防腐剂微胶囊化，可以减少添加量，控制缓释，达到对使用者健康无害的目的。山梨酸钾是一种低毒、抗菌性良好的防腐剂，但如果直接将它加到肉类食品上会使肉蛋白变性而失去弹性和保水性。选用山梨酸为芯材，用硬化油脂为壁材做成微胶囊，一方面可避免山梨酸与食品直接接触，另一方面可利用微胶囊的缓释作用，缓慢释放出防腐剂起到杀菌作用。

（11）微胶囊化营养强化剂　食品中需要强化的营养素主要有氨基酸、维生素和矿物质等，这类物质在加工或贮藏过程中，易受外界环境因素的影响而丧失营养价值或使制品变色变味。如微胶囊碘剂具有稳定性好、成本低、碘剂使用效率高等优点，既可用于加碘盐、碘片中，又可用于其他食品、保健品和药品中，微胶囊碘剂的应用会产生良好的经济效益与社会效益。

（12）商品化水溶性物质微胶囊化产品

① 微胶囊化碳酸氢钠。在一些预制特别面团中，常含有带酸性配料，如水果丁、酸奶油等，它们与焙烤用碳酸氢钠接触时会发生反应，在面团加工过程中释放出气体，因此，面团在焙烤过程中就失去膨胀能力，使得焙烤制品体积较小且不松软。通过微胶囊技术，可使碳酸氢钠在特定的条件下释放出来，避免此类事情的发生。有研究报道，采用在室温下呈固态，但在一定温度可熔化的脂肪，如氢化植物油、单甘油酯等包裹碳酸氢钠，则可避免其在焙烤之前与其他成分相互作用而失效，而只在高温焙烤过程中释放，从而赋予焙烤制品蓬松体积和松脆质构。

② 微胶囊化硫酸亚铁。亚铁离子是血红蛋白的重要成分，人体缺铁将会引起贫血和其他疾病。在食品中添加铁盐以达到强化目的时，最大的困扰在于铁盐具有改变食品色泽、产生金属臭味及自身氧化等特性。硫酸亚铁添加于面粉或烘

焙粉时，常会催化氧化酸败。采用微胶囊技术，可减少硫酸亚铁与敏感成分接触，从而大大延长其贮存寿命。据报道，将微胶囊化的硫酸亚铁添加于小麦粉中，能减少氧化和风味的恶化。此外，研究发现，用硬化油脂包覆硫酸亚铁或其他铁盐营养强化剂，可降低它们对胃部刺激作用，增强血管对铁元素的吸收能力。同时还发现高熔点牛奶脂肪容易被铁离子氧化，不适于作为包裹材料，而采用棉籽油包埋铁盐可获得较好的氧化稳定性，以及较高的包埋率。

③ 微胶囊化维生素。维生素是一类重要的营养强化剂，但由于某些维生素性质不稳定，具有令人不悦的气味，以及易受外界环境影响等缺点，因而常制成微胶囊形式。其中微胶囊化维生素C研究最为广泛，且目前已有商品出售。在维生素C微胶囊生产中，采用较多的是降温相分离法。研究发现石蜡、乙基纤维素、虫胶为壁材均能用于制备包膜良好的微胶囊化维生素C。此外，也有报道采用低温喷雾冷却等其他方法制备微胶囊化维生素C，如把维生素C分散在乙基纤维素的异丙酮溶液，喷雾干燥或冷却形成乙基纤维素包覆微胶囊产品。

二、微胶囊技术的发展前景

微胶囊技术可以说是食品工业中的一项革命性技术，目前在国外已广泛用于食品工业，但在国内食品工业中实际应用的却很少。针对于此，国内一些食品研究机构已开始投入较大力量着手研究这一技术，微胶囊技术已成为当前食品科技领域内研究热点之一，我国食品科技工作者有责任在该领域赶超世界先进水平。

近年来有关微胶囊的发明专利不断出现，应用广度不断扩展，制备技术也随之迅速发展。制备工艺是微胶囊研究中最重要的内容之一，随着新材料的进一步应用，使得药物微胶囊化技术更加实用。例如在制药领域，人们已经使用乳剂-溶剂蒸发法制备了疫苗肠溶微胶囊，以解决疫苗在胃酸环境下的稳定性问题，使用这一方法以玉米淀粉和甘露醇为壁材已制备了维生素A和维生素B_{12}微胶囊。

微胶囊包覆一些先进的材料，使微胶囊起到了功能化的作用。例如，利用微胶囊包覆色素示温材料，可采用印刷或涂层方法应用于任何需要指示温度的位置，直观醒目，而且具有一般温度计及仪器无法满足的优越性。在工业上可应用于电力设备（变电站、电动机、变压器、电阻器、配电盘、导线等的发热处安全界线指示）、机械设备（轴承、各种机械装置过热故障的早期发现以及轴承、内燃机活塞等运转中观察不到的机械部分或可动部分的温度测定）、加热设备（热交换器、反应釜、炉、内燃机外壁等表面温度及温度分布的测定）等。在民用上可用于显示温度变化的各种穿着用品（如冷库示温服、耐高温工作服、其他民用服装）、织物印花或涂层、文具、印刷品（如图画、贺卡、名片、广告）、灯罩、塑料制品（如玩具），以及防伪商标等。又如，利用相变蓄热技术与纤维和纺织品制造技术相结合开发出了能自动调温的高技术纺织品。该产品利用中空纤维腔内特殊微胶囊的作用，使之具有自动吸收、贮存、分配和放出热量的功能，这种高技术纺织品利用其能自动调温的性能，使人体温度不因恶劣环境而急剧变化。由于它具有优异的调温性能，可以军用，也可民用，可广泛用于民用服装、运动服装、职业服装、室内装饰、床上用品、鞋袜及医疗用品，应用前景十分看好。

第五节　微胶囊技术在果品加工上的应用

一、核桃油的微胶囊技术

1. 应用说明

核桃不仅营养丰富，又具有一定的医疗保健功效，而核桃中的主要营养成分核桃油是人体的重要营养素，核桃油中的油酸、亚油酸、α-亚麻酸等不饱和脂肪酸的含量超过 90%，其中亚油酸是人体必需的脂肪酸，在人体内不能合成，必须从食物中获得。α-亚麻酸具有明显的降血压、降血脂、改善心脑血管疾病等功效。但由于核桃油中不饱和脂肪酸含量很高，核桃油很容易氧化，造成营养的损失和品质下降。

利用微胶囊技术将核桃油进行微胶囊处理，可将液体油脂转变为固态粉末，提高其使用和贮运的方便性；还能避免其氧化劣变，延长油脂的贮藏期。

2. 材料和设备

加工用芯材为核桃油（超临界 CO_2 流体萃取）；壁材有阿拉伯胶、大豆分离蛋白（SPI）、β-环糊精（β-CD）等；乳化剂有单甘油酯、蔗糖脂肪酸等。

加工用设备有高速离心喷雾干燥器、均质机、胶体磨、振荡器、分析天平、恒温干燥箱、恒温水浴锅、水分快速测定仪、索氏抽提器、分样筛等。

3. 工艺流程

核桃→核桃油＋复合壁材→乳化→均质→凝聚→喷雾干燥→成品

4. 工艺操作要点

（1）原料提取　加工用核桃油采用超临界 CO_2 流体萃取制得。

（2）配料　有三种配料方法。

① 配料一：将 1200g β-CD 溶解于 1200g 水中，将 100g 阿拉伯胶溶于 65～70℃ 水中，并加入 β-CD 溶解液中，然后加入含有 1% 单甘油酯的核桃油 600g，加水至 5000g 混匀。

② 配料二：将 1200g β-CD 溶解于 1200g 水中，加入含有 1% 单甘油酯的核桃油 600g，加水至 5000g 混匀。

③ 配料三：将核桃油 300g、10% 明胶溶液 1200g、10% 阿拉伯胶溶液 1200g

混匀。

(3) 乳化均质　将配料液置于振荡器上振荡 24h，并过均质机（25MPa）两次。

(4) 喷雾干燥　配好的乳剂在高速离心喷雾干燥器中干燥，进料浓度 20%～30%，进风压力 5.5～6.0kgf/cm²，进风温度 160～180℃，进料温度 50～60℃，出风温度 70～80℃。

二、松子油的微胶囊技术

1. 应用说明

松子为松树的种子，具有较高的营养价值。由于松子富含多不饱和脂肪酸，因而亦是较好的滋补品。松子中含油丰富，其油具有独特的芳香气味，且理化性质好，营养性能佳，是一种尚待开发利用且极具潜力的资源。松子在我国有着丰富的资源，全国各地基本都有生产，但以东北、西南地区最为丰富且大多尚未被利用。

2. 材料与设备

加工用的材料主要为松子，其他使用的试剂有乙醚（分析纯）、硫代硫酸钠、氢氧化钾溶液、碘化钾溶液、丙酮（分析纯）、乙醇（分析纯）、活性炭、叔丁基对苯三酚（TBHQ），苯-石油醚（1：1）、脂肪酸标准品、蔗糖脂肪酸酯、麦芽糊精等。

常用设备有超级恒温水浴锅、萃取装置、旋转蒸发器、循环水式真空泵、索氏抽提器、罗维朋比色计、阿贝折射仪、天平、电热恒温烘箱、干燥器、间歇式脱臭装置、气相色谱仪、微量进样器、色谱数据处理机、剪切乳化搅拌机、搅拌机调速器、高压均质机、高速离心喷雾干燥机、恒流泵等。

3. 工艺流程

开口松子→剥壳取仁→浸出→浓缩→碱炼→脱色→脱水→脱臭→微胶囊化

4. 微胶囊化要点

(1) 破壳　首先对松子进行破壳处理，可采取人工或机器的方法进行破壳。人工可采用剥壳或破碎的方法。破碎的方法是用带盖的研钵将物料压碎。在破碎过程中即可闻到浓郁的松子油独特的香味，且压出了不少油，说明松子含油率较高。

(2) 浸出　溶剂比约为 1：1，浸出温度控制在 50～55℃。

(3) 微胶囊化　将芯材与壁材配成乳状液，均质时压力控制在 40MPa。在高速离心喷雾干燥机内喷雾干燥时，进口温度 220℃，出口温度 80～90℃。120mL 的油喷雾干燥后所得粉末油脂为 118g，颜色与粒度近似于生粉，颗粒均匀，但水分略微偏高。当进口温度调至 240℃左右后，粉末油脂的水分明显降低，较为干燥。在其他条件不变的情况下，干燥器内的温度在 240℃ 左右较为适宜。温度过低会使产品水分含量偏高。

通过恒流泵控制喷雾干燥的进料量较为均匀，在 150mL/min 为宜。若进料量太小，可能使产品颗粒粒度大、水分低；太大则可能会使干燥效果与产品的流动性不好。

5. 产品质量

松子油中主要含有亚油酸、油酸、异亚油酸（异构体）、棕榈酸和硬脂酸等。同时，松子油的微胶囊有松子的独特香味，可望成为高价值的保健食用油资源。

三、柠檬油香精的微胶囊技术

1. 应用说明

香味微胶囊就是将香精或香料以微胶囊的形式包裹起来，达到延长香味释放周期的目的。国内外对微胶囊产品的研究较多，这项技术已在制药、食品、精细化工等领域得到应用。通过此法制备的微胶囊，主要应用到功能性香味油墨的生产中，在增加原有产品附加值的同时，还可产生明显的经济效益。

2. 材料与设备

加工用材料有柠檬油香精、明胶、阿拉伯胶、冰醋酸、氢氧化钠、37% 甲醛、尿素等。

加工设备有无级调速搅拌器、生物显微镜、目镜测微尺、四孔单列恒温水浴锅等。

3. 工艺流程

加工采用复凝聚与囊芯交换相结合的方法。具体工艺流程如图 7-1 所示。

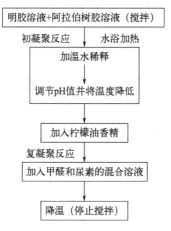

图 7-1　柠檬油香精的工艺流程

4. 操作要点

(1) 芯材与壁材的确定　利用阿拉伯胶和明胶作为壁材，控制阿拉伯胶的用量为 3%、明胶的用量为 3%，即为最佳壁材组合。并控制芯材与壁材的比例为 1:1 为好。

(2) 环境条件　在壁材的最佳组合和芯材与壁材的比例为 1:1 的条件下，控制反应温度和 pH 值至关重要。反应温度过高和过低都会对微胶囊的成膜不利，因此应控制反应的最佳温度在 40℃；反应适宜的 pH 值应为 4.3。

(3) 搅拌速度　反应的搅拌速度对微胶囊的大小和囊壁厚度有直接影响，搅拌速度以控制在 1200～1500r/min 时比较适宜。

(4) 固化剂用量　在微胶囊中使用复合固化剂比单独使用甲醛固化剂固化效果好，复合固化剂以甲醛与尿素为 3:1 时的固化效果好，微胶囊的囊壁厚度有所增加，在一定程度上可提高微胶囊的强度。

四、芒果饮料的微胶囊技术

1. 应用说明

芒果是热带名果，其加工产品如芒果汁、芒果罐头、芒果饮料，深受人们的喜欢。但在生产过程中芒果独特的香味往往会因香气本身的挥发而散失，影响产品的口味，因此保留芒果独特的香味尤显重要。利用微胶囊技术对芒果香味成分进行包埋是目前行之有效的技术。

2. 材料与设备

加工用主要材料有海藻酸钠、柠檬酸、山梨酸、$CaCl_2$、果胶、亚硫酸钠、芒果、白砂糖等。

主要设备有打浆机、过滤器、胶囊生产成型机、压盖机等。

3. 工艺流程

```
      抗氧化剂   CaCl₂溶液
         ↓        ↓
芒果肉→打浆→均质→微胶囊形成→漂洗→装瓶→压盖→消毒→产品
                        ↑
                      其他配料液
```

4. 操作要点

(1) 原料处理　选用外表鲜黄、成熟度九成以上的芒果作原料。将芒果洗干净，放入沸水中热烫 1min 左右，去皮去核，然后将果肉放入打浆机打浆，放入少量抗氧化剂 Na_2SO_3，所得果浆经胶体磨均质即可得到颗粒微小的均匀的果浆均质体。

(2) 微胶囊化　将含海藻酸钠 1.2%、糖 8% 的溶液，按 1:1 的比例与芒果浆均质体混合均匀，混合溶液转入胶囊生产成型机，将 3% 的 $CaCl_2$ 溶液注入钙化器中，搅拌，使 $CaCl_2$ 溶液在钙化器内形成环流，打开胶囊生产成型机，使混合浆料均匀滴下，速度为每分钟 200 滴。钙化器内温度控制在 $55\sim$ $65℃$。浆料滴到钙化器内遇到 $CaCl_2$ 即形成大量圆形的胶囊颗粒，定时将胶囊颗粒移出，用去离子水冲洗 $5\sim6$ 次，除去胶囊上残余的钙盐溶液，即可得到芒果浆胶囊颗粒。

（3）液体配制　用去离子水配制 10％糖溶液，加入 0.1％山梨酸作防腐剂，加入少量果胶或琼脂，添加一定量芒果浆均质体，充分混合作为饮料配料液备用。

（4）成品　将配料液，按 9∶1 的比例与芒果浆胶囊颗粒进行混合，装瓶，压盖封口，杀菌消毒即得成品饮料。

第六节　微胶囊技术在蔬菜加工上的应用

在生姜、大蒜、洋葱等传统天然调味料的研究开发中，通过微胶囊化技术，可使原来由于技术障碍不能开发的产品得以开发，如将液体或气体成分转化成易处理的粉末固体；与外界不宜环境相隔绝，可最大限度地保持原有的色香味、性能和生物活性，防止营养物质的破坏与损失；控制被包埋物的释放速度和时间；隔离活性成分，避免相互间的反应。此外，有些物料经微胶囊化后可掩盖自身的异味，或由原先不易加工贮存的气体、液体转化成较稳定的固体形式，从而可防止或延缓产品劣变的发生。这样，不仅可提高产品的稳定性，而且可拓宽香味料的使用范围。

一、大蒜油树脂的微胶囊技术

1. 应用说明

大蒜具有抗菌消炎、抗血小板凝聚、降血脂、预防动脉粥样硬化、抗肿瘤、抗糖尿病、保护肝功能、抗氧化、抗衰老等功能。同时大蒜具有独特的香辣味，长期以来，人们将天然香辛料直接加入菜肴调味，这样既不能充分利用原料，又给使用带来诸多不便，并且因有效成分和香味物质易损失、变化，使贮藏困难，因此其应用受到诸多限制。将大蒜提取所得的有效成分（油树脂）微胶囊化，制得粉末香辛料，这样既能保持大蒜的有效成分和原有风味，又可以避免霉烂变质，使用方便，同时其体积大大减小，给商业运输、存储带来很大便利。

2. 试剂和设备

加工所使用的试剂主要有浓硝酸、溴、5％$BaCl_2$溶液、纤维素酶、2％硝酸银溶液、1∶1 盐酸溶液、四氯化碳、10％醋酸锌溶液、95％乙醇、淀粉碘化钾试纸、阿拉伯胶、麦芽糊精。

主要设备有均质机、水浴锅、抽滤瓶、高速组织捣碎机、水循环式真空泵、索氏回流提取装置、真空蒸馏回收装置、高速离心喷雾干燥机。

3. 工艺操作要点

（1）大蒜蒜素液的提取　大蒜蒜素液的提取采用浸渍法和回流抽提法，主要包括以下几步。

① 原料准备。大蒜经挑选、去皮、洗净后，加入适量蒸馏水用组织捣碎机破碎成浆状。

② 酶解。大蒜浆液加入适量纤维素酶进行酶解。酶解的工艺条件为 pH 值 6.5，温度 32℃，酶解 30min。

③ 浸渍。将酶解后的浆液，加入 1.5 倍 95％的乙醇中浸渍 12～15h。浸渍后的蒜液浆用多层纱布过滤，收集蒜液并进一步抽滤。

④ 抽滤。将蒜渣用回流抽提法抽提 3～4h。合并两次得到的蒜液，采用真空蒸馏法，水浴恒温 50℃加热，0.085MPa 真空条件下回收乙醇。去除乙醇后，即得到蒜素液。

（2）微胶囊化

① 配料。按 1∶3 的芯材与壁材比将大蒜提取得到的蒜素液与壁材溶解、混匀，壁材为阿拉伯胶和麦芽糊精。每次配料总量为 900g，料液浓度 40％（壁材和芯材总量为 360g），乳化剂用量为总料液的 13％（117g）。首先在烧杯中加适量水，并加热至一定温度，然后按各研究内容称取原料，先加入乳化剂，待其溶解后再加入壁材，壁材溶解后加入蒜素液，最后加水定量至 900g，搅拌均匀。

② 均质乳化。在室温下，于 10～20MPa 均质 6min，再加压至 30～40MPa，均质 9min。

③ 干燥。采用离心喷雾干燥法，条件是进风温度为 150℃，出风温度为 45℃，离心机转速 8000r/min。

④ 过筛。喷雾干燥的产品过 80 目筛，可得均匀的粉状微胶囊产品。

⑤ 包装。用密闭容器包装。

4. 工艺流程

大蒜→挑选→去皮→洗净→加入蒸馏水捣碎→浆液→酶解→乙醇浸渍→过滤→抽提→蒸馏
微胶囊←喷雾干燥←均质乳化←加入配料←蒜素液

5. 产品质量

采用此法进行大蒜油树脂的微胶囊化生产，所得产品洁白美观，溶解性好，有浓郁的大蒜风味，作为方便调味品具有广阔的市场潜力和应用价值。同时通过工业化大规模生产投料量小，还可解决均质、喷雾干燥等步骤均造成原料不同程度的损失，很适于实际应用。

二、辣椒油树脂的微胶囊技术

1. 应用说明

辣椒为茄科辣椒属的果实，是重要的食用香辛调味料，广泛用于烹饪行业和食品加工业，也是传统的国际贸易商品。人们历来直接食用辣椒或简单加工制成辣椒粉、辣椒酱后食用，既不能充分利用原料，也存在呈味不均匀、有颗粒等问题，影响食品的感官质量，另外贮存时也易发生霉变。用食用酒精溶剂将辣椒中呈味物质（油树脂）提取出来，以食用胶为壁材，经喷雾干燥制成辣椒油树脂微胶囊，食用方便，呈味均匀，没有残渣，能明显提高菜肴和加工食品的感官质量。食用香辛料油树脂的微胶囊化，能持久地保持风味，防止呈味物质的氧化和挥发，还可以控制其释放速度，具有很好的市场前景和推广价值。

2. 材料及设备

加工用原料主要有干红辣椒、食品级麦芽糊精、食用酒精、阿拉伯胶等。

使用设备主要有索氏提取装置，连续浸提装置，减压蒸馏装置，凯氏定氮装置，精油测定装置，附温比重瓶（500mL），阿贝折射仪，数字显示黏度仪，高压均质机，高速离心喷雾干燥机等。

3. 工艺流程

原料粉碎→溶剂抽提→减压浓缩→含水油树脂→配料→乳化→均质→喷雾干燥

辣椒油树脂微胶囊◄┘

4. 工艺操作

（1）原料预处理　选用色红、味辣、无霉变的干辣椒，经60℃恒温干燥1.5h后，粉碎，过40目筛，待用。

（2）辣椒油树脂提取　根据辣椒碱和辣椒色素及精油的性质，采用食用酒精溶剂将上述有效成分提取出来，然后回收酒精即可得到含水油树脂。

（3）微胶囊化　按辣椒油树脂和食用胶为1∶0.63的比例配合（食用胶由阿拉伯胶和麦芽糊精按2∶8的比例配成），加水搅拌溶解及乳化，在30MPa条件下经均质机均质15min，得O/W型乳化液。将乳化液在高速离心喷雾干燥机中干燥，（进风压力为2kgf/cm^2，进风温度为120～130℃，出风温度为70～80℃），得辣椒油树脂微胶囊。

5. 产品质量

辣椒油树脂微胶囊具有使用方便、呈味均匀、无残渣、有效成分不易氧化等优点，能明显提高菜肴和加工食品的档次，同时对具有重要生理功能的类胡萝卜素有很好的保护作用，因此其开发前景广阔。

三、姜油树脂的微胶囊技术

1. 应用说明

姜具有重要的食用和药用价值，在食品领域主要作为调味品和食品原料。而作为调味品，鲜姜和粗姜粉一方面因含有大量的淀粉、纤维素而造成加工处理困难，产品稳定性差；另一方面因具有姜味的姜油在烹饪过程中易挥发而造成食品中仅留下姜辣素。因此迫切需要开发出快捷、方便、速溶、能保持鲜姜风味的高级姜调味品。利用微胶囊技术生产 β-CD 微胶囊姜油树脂，不仅可使姜产品使用方便快捷，且有利于运输和保存，简化食品生产工艺等。

2. 材料及设备

加工用材料有姜油树脂、β-环糊精（食用级）、香草醛、铁氰化钾、三氯化铁等。

加工用仪器设备主要有超临界流体萃取装置、752 型分光光度计、超声波细胞粉碎机、电子天平、电热鼓风干燥箱、磁力加热搅拌器、真空冷冻干燥机等。

3. 工艺流程

生姜→挑选→洗净→晾干→超临界 CO_2 萃取→姜油树脂→配料→振摇→抽滤
微胶囊←真空冷冻干燥←无水乙醇冲洗←┘

4. 工艺操作

（1）原料加工　选取新鲜的姜，利用超临界 CO_2 萃取法生产姜油树脂。

（2）微胶囊配料　称取一定量的 β-环糊精，加入 80mL 的蒸馏水摇匀，加热溶解，冷却至 40℃，加入一定量的姜油树脂和无水乙醇溶液，充分振摇，姜油树脂和 β-环糊精的比例为 1∶8。

（3）后处理　利用超声处理，然后静置 24h，抽滤，抽滤后的沉淀继续用无水乙醇缓慢冲洗，然后将沉淀于 −18℃下冻结 24h，经真空冷冻干燥即为成品。

5. 产品质量

最终的微胶囊产品为淡乳黄色粉末，颗粒流动性好，近闻有淡淡的生姜香味，在加热或溶解过程中有典型的生姜风味。产品质量符合一般微胶囊产品标准。

四、姜黄色素的微胶囊技术

1. 应用说明

姜黄色素系从姜黄中提取的天然黄色素。姜黄色素不但着色力强、安全无毒，而且还兼有一定的药理功能，所以在添加剂市场上享有盛誉。姜黄色素主要包括分子结构略有差异的三种化合物，它们分子中均含有多个双键、酚羟基及羰基等，所以化学反应性较强。这是姜黄色素的稳定性容易受到多种理化因素影响的主要原因，光、热可促使其氧化分解，失去显色力。此外，姜黄色素几乎不溶于水，在酸性溶液中易形成沉淀，这就妨碍了它在酸性饮料中的大规模应用。因此，设法增强其稳定性和增大其在水中的溶解度是姜黄色素是否能够得到广泛应用的关键所在。采用微胶囊技术将其包埋在食品配料组成的物料中，不但可提高其稳定性，而且可改善其溶解性。经过微胶囊化的姜黄色素可以更广泛地用于糕点、糖果、饮料、冰淇淋、有色酒等中。

2. 材料及设备

加工用材料有姜黄色素、β-环糊精及其衍生物、吐温-80、丙酮等。

加工用仪器设备主要有数控超声波、722 光栅分光光度计等。

3. 工艺流程

环糊精及其衍生物溶液→包埋姜黄色素→超声波发生器中水浴→真空干燥

微胶囊化姜黄色素←粉碎←┘

4. 工艺操作

配制 20％环糊精及其衍生物溶液，衍生物（羟丙基 β-环糊精）与环糊精基本比例是 7∶3，加入一定量的吐温-80，芯材与壁材比为 1∶20。另取姜黄色素粉末用丙酮溶解（基本比例是 1∶20）。将姜黄色素的丙酮溶液滴加到环糊精及其衍生物中，置超声波发生器中，调节超声功率为 200W，包埋温度为 60℃，包埋时间 80min。然后在冰箱中冷藏 10h，过滤，并先后用蒸馏水和食用酒精快速洗涤。低温真空干燥 24h，研碎，即可得到微胶囊化的姜黄色素产品。

五、薄荷素油的微胶囊技术

1. 应用说明

目前，微胶囊在烟草工业中的应用也是研究的热门课题之一。在卷烟的加香过程中，将液体香料转变成固体粉末香料，以便于贮存、运输及减少挥发损失等，是微胶囊技术的优越性表现。薄荷香料极易挥发，不仅给生产带来不便，而且燃吸时薄荷释放不均匀。为此国外对薄荷等挥发性强的香料进行了微胶囊化研究，取得了一定的进展。其将薄荷醇等香料胶囊化并用于制造薄片或直接加于卷烟中，取得了较理想的效果。另外，在分子水平上的微胶囊化技术也取得了很好的效果。

2. 材料及设备

加工用材料有无水乙醇、对二甲胺基苯甲醛、浓硫酸、薄荷素油、明胶、NaOH、甲醛、烟丝等。

加工用仪器设备主要有 751 分光光度计、吸烟机、酸度计、电动搅拌器、多用电热套、恒温水浴锅等。

3. 工艺流程

薄荷→挑选→洗净→晾干→萃取→薄荷素油→明胶→保温→搅拌→无水乙醇
微胶囊←过滤←┘

4. 工艺操作

（1）原料加工　选取新鲜的薄荷植株，利用临界萃取法生产薄荷素油。

（2）配料　利用5%的明胶进行微胶囊处理，把明胶水溶液搅拌均匀后，按照5∶1的比例加入明胶溶液和薄荷素油。把明胶水溶液在水浴锅内保温为50～55℃，用5%的醋酸调 pH 值为4.5～5.0，冷却至35～40℃，搅拌12h。

（3）成品　搅拌后的溶液，倒入无水乙醇得含微胶囊的混合体，静置后过滤，滤出微胶囊，在室温下干燥后得干制微胶囊。

5. 产品质量

此法制得的薄荷素油微胶囊产品，可将挥发性强的香料转变成粉末香料，香料包覆在胶囊内使之与外界隔绝，可长时间保持其香气，从而增加了薄荷香料的留香能力，降低了其挥发性。我国将薄荷素油微胶囊加入卷烟中制作的薄荷烟接近国外薄荷烟，优于国产薄荷烟，对提高国产薄荷烟质量有一定的借鉴作用。

六、竹笋膳食纤维的微胶囊技术

1. 应用说明

膳食纤维是指不被人体胃肠道分泌物消化的植物成分。它虽然不被人体消化吸收，但其较强的持水、持油能力，能与阳离子结合，能吸附、螯合有机化合物，具有类似填充剂的容积作用，并能降低食物中能量的浓度，而且还是微生物在大肠中进行发酵的基质，等等，所有这些特有的物化性能对人的生理功能都有着极其重要的作用。

随着生活水平的提高，人们所吃食物越来越精细，导致了膳食纤维缺乏疾病，如肥胖症、高血压、糖尿病等，因此，许多人需补充膳食纤维。然而，单独一种膳食纤维仍存在诸多缺陷，不仅口感方面有涩味，而且成分组成也不合理，竹笋膳食纤维主要是不溶性膳食纤维，然而许多研究表明在膳食纤维中水溶性成分起着关键性的作用。此外，还有一些资料报道认为膳食纤维对人体矿物质元素的吸收有负面影响，在贮藏过程中容易吸潮从而引起变质等。因此需要对膳食纤维进行营养成分的强化以及功能的进一步活化与提高。

用微胶囊技术将膳食纤维包埋，同时进行某些营养成分的强化，这样不仅可改善其口感、色泽，而且可极大地提高其生理活性。

2. 材料及设备

加工用材料主要为竹笋，菌种有保加利亚乳酸杆菌、嗜热链球菌。其他辅料有脱脂奶粉、白砂糖、植物蛋白、明胶、阿拉伯胶、海藻酸钠、糊精、胶囊、葡萄糖酸钙、葡萄糖酸锌、吐温-80、蔗糖酯等。

加工用仪器设备主要有磨浆机、高压灭菌锅、恒温培养箱、干燥箱、超微粉碎机、均质机、喷雾干燥器等。

3. 工艺流程

竹笋→挑选→切片→粉碎→灭菌→接种→发酵→过滤→榨汁→干燥→超微粉碎

成品←包装←喷雾干燥←搅拌←乳化←混合物料←┘

4. 工艺操作指标

微胶囊膳食纤维的最佳喷雾干燥造粒工艺条件为：壁材选择明胶和阿拉伯胶按 1∶1 比例的混合物，芯材和壁材的比率为 0.6，喷雾干燥进风温度 130℃，出风温度 100℃，包埋率可达 80％以上。

第八章 果蔬花卉产品的 冷杀菌技术与应用

08 Chapter

杀菌是保证食品安全，延长食品保质期的基本手段。如罐藏食品工业生产中的关键技术是杀菌技术，以往的食品杀菌是采用加热杀死微生物的原理来进行杀菌，但这种技术对于热敏感的食物会产生负面的影响，因为化学变化会导致营养组分的破坏、损失，并导致不良风味等。为此，一方面要发展减少加热损害的杀菌技术，另一方面则要发展非加热的冷杀菌技术。应用现代科学手段，在明确了与食品保藏稳定性相关的关键因素的基础上，发展冷杀菌技术，有助于实现一些传统食品的工业化。

冷杀菌技术也称为非热杀菌技术，是相对于加热杀菌而言的，是指在食品保存杀菌过程中，无需对物料进行加热，而利用物理方法等其他灭菌技术杀灭微生物的一种杀菌技术。它具有杀菌过程中的杀菌条件易于控制、外界环境影响较小等特点。食品的冷杀菌技术由于避免了食品的热处理，因而可有效防止食品中的营养成分因加热而受到破坏的现象，可很好地保持食品的原有风味，避免营养损失。应用食品冷杀菌保鲜的新技术，食品企业可望得到双倍以上产品，这并不是通过生产更多的食物实现的，而是通过防止贮藏食物（主要是粮食资源）和流通食物（主要是加工后食物）不受病虫害及霉菌危害实现的。据统计，世界平均每年约有30％的粮食在贮藏、运输和加工过程中受虫菌污染而霉烂。这些都可通过该技术得到一定程度的解决。近年来，国内外研究出一些新型的冷杀菌技术，引起了食品科学研究工作者的高度关注。

第一节 冷杀菌技术原理及方法

食品的冷杀菌技术原理就是利用物理等方法杀死加工食品中的有害微生物，所以一切非加温的杀菌技术都属于冷杀菌的范畴。目前主要的冷杀菌技术有超高压杀菌、放射线辐照杀菌、超声波杀菌、脉冲强光杀菌、臭氧杀菌、感应电子杀菌、静电杀菌、X射线杀菌、紫外线杀菌、脉冲电场杀菌、脉冲磁场杀菌、壳多糖杀菌、复合塑料杀菌等。

一、超高压杀菌技术

超高压杀菌技术（ultra-high pressure processing，UHP）是20世纪80年代末开发的杀菌技术，其利用高压对微生物的致死作用而达到商业无菌状态，是目前受到广泛关注的一项食品加工高新技术，被称为"食品工业的一场革命""当今世界十大尖端科技"等，可被应用于所有含液体成分的固态或液态食物，如水果、蔬菜、奶制品、鸡蛋、鱼、肉、禽、果汁、酱油、醋和酒类等。

超高压杀菌是将食品物料以某种方式包装以后，放入液体介质中，进行超高压处理，已达到杀菌的作用。食品在超高压（100～1000MPa）压力下，具有良好的灭菌效果。超高压对微生物的致死作用主要是通过破坏其细胞壁，使蛋白质凝固，抑制酶的活性和DNA等遗传物质的复制等实现的。一般而言，压力越高杀菌效果越好。在相同压力下延长受压时间并不一定能提高灭菌效果。一般300MPa以上的压力可杀灭细菌、霉菌、酵母菌等食品中常见的微生物类群；病毒对压力较为敏感，在较低的压力下即可失去活力；芽孢耐高压性较强，压力在300MPa以下时，反而会促进芽孢发芽。与热力杀菌相比，高压杀菌较多地保留了食品中的原有成分，对食品的风味破坏相对较小。有资料表明绿茶茶汤中接种耐热细菌芽孢后用静水高压灭菌，采用400MPa和室温条件不能杀灭孢子，但采用700MPa和80℃条件可完全杀灭微生物，经200～300MPa高压杀菌虽不能杀灭芽孢，但在室温贮藏条件下茶汤中的儿茶素类物质可使芽孢活性丧失。超高压冷杀菌技术的先进性体现在，杀菌过程中是采用高压、常温灭菌，采用此技术对食品饮料处理后，不但具备高效杀菌性，而且能完好保留食品饮料中的营养成分，产品口感佳，色泽天然，安全性高，保质期长，这是传统高温热力杀菌方法所不具有的优点。

1. 超高压杀菌的原理

超高压杀菌的基本原理就是压力对微生物的致死作用。微生物的热力致死是由于细胞膜结构变化（损伤），酶的失活，蛋白质的变性，DNA直接或间接的损伤等主要原因引起的。而超高压能破坏氢键之类的弱结合键，使基本物性变异，导致蛋白质的压力凝固及酶的失活；还能造成菌体内成分泄漏和细胞膜破裂等多种菌体损伤。强大的压力导致微生物的形态结构、生物化学反应、基因机制以及细胞壁、膜发生多方面的变化，从而影响微生物原有的生理活动机能，甚至使原有的机能被破坏或发生不可逆的变化，进而导致微生物的死亡。常用的压力范围

是 $100\sim1000$ MPa。一般来说，细菌、霉菌、酵母菌在 300MPa 下可致死，酶在 400MPa 以上的压力下可被钝化。

极高的静压会影响细胞的形态。细胞内含有小的液泡、气泡和原生质，它们的形状在高压下会变形，从而导致整个细胞的变形。经过研究表明，当细胞周围的流体静压达到一定值（约 0.6MPa）时，细胞内的气体空泡将会破裂。对于一些游动的微生物，特别是原虫，运动的停止直接与高压引起的结构变化有关。大肠埃希菌（$E.coil$）的长度在常压下为 $1\sim2\mu m$，而在 40MPa 下为 $10\sim100\mu m$。

高压对细胞膜、细胞壁都有影响，细胞膜的主要成分是磷脂和蛋白质，其结构靠氢键和疏水键来保持。在压力作用下，细胞膜磷脂双分子层结构的容积随着每一磷脂分子横切面积的缩小而收缩。$300\sim400$MPa 下，啤酒酵母的核膜和线粒体外膜受到破坏，加压的细胞膜常常表现出通透性的变化，压力引起的细胞膜功能劣化将导致氨基酸摄取受抑制。$20\sim40$MPa 的压力能使较大的细胞因受应力的细胞壁机械断裂而松解；200MPa 的压力下，细胞壁遭到破坏。高压可使主要酶类失活，酶失活的主要原因是酶分子内部结构的破坏和活性部位上构象的变化，这些效应受 pH 值、底物浓度、酶中脂质的性质、酶亚单元结构和温度的影响。

2. 超高压杀菌的装置和设备

（1）超高压处理装置　超高压处理装置由高压容器、加压装置及其辅助装置构成。超高压处理装置按照加压方式分为外部加压式和内部加压式两类。两种加压方式的特点见表 8-1 所示。

表 8-1　外部加压式和内部加压式高压处理设备的比较

比较项目	外部加压式	内部加压式
构造	框架内仅有一个压力容器，主体结构紧凑	加压汽缸、高压汽缸在框架内，主体结构庞大
容积	始终为定值	随着压力的升高容积减少
密封的耐久性	因密封部位固定，故几乎无密封的损耗	密封部位滑动，故有密封件的损耗
适用范围	大容量，生产型	高压，小容量，研究开发型
高压配管	需高压配管	不需高压配管
维护	经常需保养维护	保养性能好
容器内温度变化	减压时温度变化大	升压和降压温度变化不大
压力保持	当压力介质的泄漏量小于压缩机的循环量时，可保持压力	当压力介质有泄漏，则当活塞推到气缸顶端时才能加压并保持压力

按照高压容器的放置位置可将高压处理装置分为立式的和卧式的。立式的高压处理装置占地面积小，但物料的装卸需专门装置；卧式的高压处理装置，物料

进出方便，但占地面积大。

（2）超高压装置

① 超高压容器。食品的超高压处理要求在数百兆帕的压力下进行，故压力容器的制造及密封是关键，它要求特殊的技术。通常压力容器为圆筒形，内壁材料为高强度不锈钢。为了达到必需的耐压强度，容器内层的外壁与外层的内壁间应形成过盈配合，以增强内层的耐压能力。

② 辅助装置。在高压处理装置中，还有许多其他的辅助装置，包括高压泵、恒温装置、测量仪器以及物料的输入与输出装置等。

a. 高压泵。不论是外部加压还是内部加压方式，均采用油泵装置产生所需高压，前者还需加压配管，后者还需加压气缸。

b. 恒温装置。为了提高加压杀菌的作用，常常需要温度和压力共同作用，这样的系统就需要有恒温控制系统。

c. 测量仪器。包括电偶温度测量计、压力传感器、记录仪、持压时间控制仪及自动装置系统等。

d. 物料的输入和输出装置。液体和半流体物料可经过输送泵输送，固体物料的输送经输送带、提升机、机械手等部件完成。

3. 杀菌方式

超高压杀菌方式有连续式、半连续式、间歇式。连续重复处理对嗜热脂肪芽孢杆菌（*Bacillus stearothermophilus*）的失活比较有效，600MPa的压力、70℃条件下处理5min重复6次，可使含嗜热脂肪芽孢杆菌量为10^6个/g的样品全部灭菌。间歇式加压处理效果好于连续处理，原因在于第一次加压会引起芽孢发芽，第二次加压则可将这些发芽而成的营养细胞杀死。因此对于易受芽孢菌污染的食物宜采用超高压多次重复短时处理。

4. 超高压杀菌特点

（1）超高压杀菌对食品营养和风味影响小　由于超高压杀菌在较低温度下进行，因此食品中维生素、色素、香气成分、风味成分损失很小。

（2）超高压杀菌可使蛋白质变性　蛋白质在高压下会凝固变性，这种现象称为蛋白质的压力凝固。

（3）超高压杀菌对油脂的影响是可逆的　常温下加压到100～200MPa油脂就会凝固，但解压后能恢复原状。

（4）超高压杀菌可使淀粉改性　常温下加压到400～600MPa可使淀粉糊化，吸水量增加，形成不透明的黏稠糊状物。

超高压杀菌与加热杀菌相比，具有明显的优点，如表8-2所示，可以明显看出超高压杀菌技术在各个方面都优于加热杀菌。

表 8-2　超高压杀菌和加热杀菌的比较

比较项目	加热杀菌	超高压杀菌
传递速度	慢,时间长	快,瞬间完成
杀菌时间	长,20~30min	短,5~10min
温度	80~100℃	常温
风味	改变	不变
维生素	有损失	不破坏
氨基酸	有影响	无影响
果糖、葡萄糖	有影响	无影响
工艺流程	复杂	简单

温度对超高压灭菌的效果影响很大。大多数微生物在低温下耐压能力降低,主要是因为压力使低温下细胞因冰晶析出而破裂的程度加剧。蛋白质在低温下高压敏感性提高,致使此条件下蛋白质更易变性,而且人们发现低温下菌体细胞膜的结构也更易损伤。适当提高温度对高压杀菌有促进作用。因此低温或高温下对食品进行高压处理比在常温下处理杀菌效果更好。由此,针对芽孢菌的高耐压性,就现阶段研究来看,结合温度处理则是一种十分有效的杀菌手段。

5. 超高压杀菌对乳品中微生物的影响

多数微生物经100MPa以上加压处理即会死亡,而微生物致死条件因种类和试验条件不同有所差异。一般而言,细菌、霉菌、酵母菌的营养体在300~400MPa压力下可被杀死;病毒在稍低的压力下即可失活;寄生虫的杀灭和其他生物体相近,只要低压处理即可杀死;而芽孢杆菌属和梭状芽孢杆菌属的芽孢对压力比其营养体具有较强的抵抗力,需要更高的压力才会被杀灭。超高压杀菌对乳中常见微生物的影响如表 8-3 所示。

表 8-3　超高压处理对乳品中主要微生物的影响

加压条件			微生物	效果
压力/MPa	时间/min	温度/℃		
200	20	−20	大肠杆菌	杀菌
400	10	25	大肠杆菌	杀菌
300	30	40	大肠杆菌	杀菌
600	10	25	金黄色葡萄球菌	杀菌
290	10	25	金黄色葡萄球菌	大部分杀灭
300	20	60	巨大芽孢杆菌	杀菌
300	20	60	多黏芽孢杆菌	杀菌
450	20	60	枯草芽孢杆菌	杀菌

加压条件			微生物	效果
压力/MPa	时间/min	温度/℃		
600	40	60	蜡样芽孢杆菌	杀菌
400	10	25	产朊假丝酵母	杀菌
300	10	25	鼠伤寒沙门菌	杀菌
600	10	25	粪链球菌	杀菌
34~408	60	20~25	乳链球菌	杀菌
97	10	25	炭疽杆菌(营养体)	杀灭
200	1440	40	嗜热脂肪芽孢杆菌	大部分杀灭

研究者进行了大量的有关超高压处理对牛乳中微生物的影响和牛乳保鲜方面的研究，即研究了不同压力范围（0~1000MPa）、不同处理时间以及不同处理温度（-20℃~100℃）对牛乳或模拟牛乳体系中的天然存在的微生物或接种的纯微生物菌株的影响，这种研究虽然因实验条件和检验手段的不同报道的结果有很大的出入，但多数研究证实了100~600MPa的高压作用5~10min可以使一般的细菌和酵母菌减少直至杀灭，但孢子对压力有一定的耐受性，当压力达到600MPa，结合一定的温度处理（≤50℃）作用15~20min则可以实现完全灭菌。相对于纯培养基来讲，牛乳对微生物有一定的保护作用。目前作为牛乳安全性和货架期保证的热处理是法律承认的。如果用高压处理取代热处理尚需做进一步的研究和扩大试验，以期获得法律认可的必需数据，这还需一定时间，不过高压处理无疑为液体乳的保鲜提供了一个发展方向。

6. 超高压杀菌技术在食品加工中的应用

将草莓、猕猴桃、苹果酱软包装后，在室温下以400~600MPa的压力处理10~30min，不仅可达到杀菌的目的，而且可促进果实、砂糖、果胶的胶凝过程和糖液向果肉的渗透，还可保持果实原有的色泽、风味，产品具有新鲜水果的口感，维生素C的保留量也大大提高。我国对猕猴桃酱进行高压处理，经高压处理的猕猴桃酱较传统热处理的酱体色泽翠绿，维生素含量高，而且在700MPa的高压下杀菌，稳定色泽和防止维生素C氧化的作用最佳。在其他地区，Boynton等人将切片芒果真空包装后，于300MPa和600MPa处理后置于3℃下贮藏，在贮藏期间鲜芒果的风味下降、异味增加，但色泽、质构及其他感官指标基本没有变化，经9周的贮藏后，微生物指标分别为10^2CFU/mL和10^3CFU/mL。He等人利用高压进行牡蛎去壳及延长其货架寿命的研究，结果表明压力207~310MPa经不同时间处理后，贮藏在4℃以下，27d后，样品的pH值只降低0.5，水分含量略有上升，不仅可减少2~3个对数的微生物的数量，且牡蛎有较高的品质。而手工去壳的牡蛎 pH 值下降了 2.2，水分含量轻微下降。

二、辐照杀菌技术

辐照杀菌即利用电离射线对食品进行杀菌。它是利用放射线同位素 ^{60}Co，^{137}Ce 产生的 γ 射线，或用高能电子束轰击重金属的靶所产生的 X 射线，或用电子加速器产生的高能电子束对包装食品进行辐照处理，达到抑制发芽、推迟成熟、促进物质转化、杀虫杀菌、防止霉变等目的。加拿大、以色列、法国、日本等国家普遍使用放射物质 ^{60}Co，它放射出的强力 γ 射线可彻底摧毁细菌的遗传因子，彻底破坏它们的生机，使用高剂量时几乎可以消灭任何细菌。

100～1000kGy 剂量照射，可有效地限制有损大众健康的生物及致腐败性微生物的生长，能有效清除对高蛋白质食品（如肉类、乳制品、蛋制品）危害极大的沙门菌；用 500kGy 照射，就能使之成倍减少，也能杀死冷冻食品深处的沙门菌，现全世界已有 20 多个国家批准应用辐照杀菌的食品供人类食用，如鸡、猪肉、鲜鱼、蘑菇、香料、土豆、大米、洋葱、小麦等。

1. 辐照杀菌的原理

用一定剂量的电离射线照射食品，能够杀灭食品中的害虫，消除食品中的病原微生物及其他腐败细菌，还能抑制某些食品中生物活性物质的生理过程，从而使食品达到保藏或保鲜的目的。尤其是 γ 射线或 X 射线具有强大的穿透能力，对经过包装的农副产品及食品可以达到杀虫、灭菌的目的，并可以防止病原微生物及害虫的再度感染，因而，可以在常温下长期保存。

射线照射对食品的作用分为初级作用和次级作用，初级作用是微生物细胞间质受高能电子射线照射后发生的电离作用和化学作用，次级作用是水分经辐照和发生电离作用而产生的各种游离基和过氧化氢与细胞内其他物质发生反应的作用。这两种作用会阻碍微生物细胞内的一切活动，从而导致微生物细胞死亡。食品辐照杀菌的目的不同，采用的辐照剂量也不同，完全杀菌的辐照剂量为 25～50kGy，其目的是杀死除芽孢杆菌以外的所有微生物。消毒杀菌的辐照剂量为 1～10kGy，其目的是杀死食品中不产芽孢的病原体和减少微生物污染，延长保藏期。总之，对于不同的微生物，需要控制不同的辐照剂量和电子能量。放射线同位素放出的射线通常有 α、β、γ 三种，用于食品内部杀菌的只有 γ 射线。γ 射线是一种波长极短的电磁波，对物体有较强的穿透力，微生物的细胞质在一定强度 γ 射线下，没有一种结构不受影响，因而产生变异或死亡。微生物代谢的核酸代谢环节能被射线抑制，蛋白质因照射作用可发生变性，其繁殖机能则受到最大的损害。辐照不引起温度上升，故这种杀菌方式属于冷杀菌。微生物对放射线的抵抗力，一般抗热力强的细菌，对放射线的抵抗力也较强，但也有例外。

2. 辐照食品的安全性

辐照食品的卫生安全性，在狭义上指食品的安全性，在广义上指食品的营养性、安全性、嗜好性、贮藏性、方便性和经济性等多个方面。因此，为了确定这种新的放射线照射食品的卫生安全性，从 20 世纪 50 年代就开始进行了长期的研究，并在辐照食品的毒理学、营养学、诱发变异性物质、诱发致癌物质、诱发放射性、残留细菌性病害等方面的研究取得了一定的成果。

联合国粮农组织（FAO）和国际原子能机构（IAEA）根据世界卫生组织（WHO）的建议，于 1970 年开始了国际食品照射计划（IFIP）。针对世界上以低于 10kGy 剂量辐照食品为对象进行的各种动物试验，为了节省各国动物试验的经费，IFIP 在保持统一性的前提下，进行动物试验信息交流。另外，IFIP 还进行有关辐照食品安全性的委托试验。试验结果表明，没有发现任何辐照食品有害的证据。该计划弄清了低于 10kGy 剂量辐照食品的安全性，于 1981 年结束。与 IFIP 计划同时进行的还有各国自己的探究辐照食品安全性的计划，实施了大量的试验研究。

3. 辐照杀菌的优点

辐照杀菌与传统方法杀菌相比较，具有许多优点。

（1）辐照杀菌对食品外观、营养影响小　射线处理无需提高食品温度，照射过程中食品温度的升高微乎其微。因此处理适当的食品在感官性状、质地和色香味方面的变化甚微。

（2）辐照杀菌的穿透力强　γ 射线的穿透力强，在不拆包装和不解冻的情况下，射线可透过进行杀菌。

（3）辐照杀菌的应用范围广泛　辐照杀菌能处理各种不同类型的食物品种。食品可在照射前进行包装和烹调，照射后的制作更加简化和方便。

（4）辐照杀菌对食品没有污染　在利用辐照杀菌时，射线处理食品不会留下任何残留物，使得处理后的食品安全、卫生，没有公害。

（5）辐照杀菌效率高，成本低　辐照杀菌的杀菌效率高，能很大程度上节约能源，降低成本，节省时间。

4. 辐照杀菌对食品营养成分和色香味的影响

（1）辐照杀菌对食品中维生素及脂肪的影响　食品在正常推荐的剂量辐照后其营养成分，如蛋白质、糖类、微量元素及矿物质的损失很少，但维生素和脂肪对辐照敏感。维生素经辐照后的损失程度与食品种类、辐照剂量、温度、氧量及维生素的种类有关，一般来说，脂溶性维生素较水溶性维生素对辐照敏感。用杀菌剂量比较辐照处理与加热处理对食品中水溶性维生素的破坏作用，可以发现两者几乎没有差别，而脂溶性维生素损失较大，尤以维生素 E、维生素 K 损失最大。在水溶性维生素中维生素 C 损失最大，烟酸损失最小。脂肪经高剂量辐照后，因氧化反应产生的自由基及其衍生物会促进脂肪的氧化而使其发生酸败变性，从而可导致脂肪的消化吸收率降低。

（2）辐照杀菌对食品中色素的影响　在辐照处理过程中，植物性色素对辐照处理较稳定，动物性色素对辐照敏感。辐照的水解物能导致肌红蛋白和脂肪的氧化，引起褐色。辐照能加深冷冻禽胸肉稳定的红色或粉红色，红色的加深依据于肉的种类、肌肉的类型、辐照的剂量、包装材料的不同而不同。根据 Luno 等人的报道，经辐照的肉，其还原性增加，产生 CO，CO 与血红色素强烈亲和，提高了红色或粉红色的强度。据相关的研究报道，用低于 1% 的 CO 辅以气调包装可以保持肉稳定的草莓红色长达 8 周，并可延长其货架寿命。也就是说，用 CO 包装并辅以低或中剂量的辐照，能给鲜牛肉末带来怡人的安全的颜色，且品质损害最小。

（3）辐照杀菌对食品中味道的影响　辐照处理一般都会使食品特有的香气损失，同时也会产生令人不愉快的"辐照臭气味"，尤其是肉类食品。Nam 等人比较了火鸡鸡胸肉的有氧包装和真空包装的辐照效果，实验指出：辐照时会产生挥发性的异味，并伴有脂肪的氧化和挥发性硫的生成，有氧包装的异味较大。有氧包装的火鸡鸡胸肉的挥发性物质的形成随着辐照剂量的增加和贮藏时间的延长而增加。Ahn 等人指出，含硫化合物是辐照冷冻猪肉产生异味的根源。蛋白质的辐照水解物在辐照肉产生异味方面起着重要作用。

5. 辐照杀菌在食品中的应用

辐照技术目前主要用于谷物、水产品、蛋制品、调味品、香料、脱水制品等的杀虫、杀菌，以及水果、蔬菜的抑菌保鲜等。肉类制品经预处理后，真空密封包装和冷冻，于 −40℃ 辐照，无不良影响。经辐照完全杀菌的牛肉、鸡肉、火腿、香肠、鱼虾在常温下皆可贮藏较长时间，若在低氧或无氧条件下处理则贮藏时间更长。蛋类辐照杀菌一般用 10kGy 左右的剂量便可杀灭沙门菌；鲜蛋用 80kGy 的电子射线照射后，涂上聚乙烯醇塑料薄层，于 28～30℃ 贮存一个多月，好蛋率达 91.0%～91.3%；蛋液及冰冻蛋液可用 β 射线及 γ 射线辐照，灭菌效果良好；蜂花粉用 1.0kGy 的剂量照射，能有效地杀灭花粉中的微生物，花粉的温升也不明显，这对保存花粉的营养成分是十分有好处的。除此之外，辐照还广泛用于包装材料和包装容器的表面杀菌，一般剂量为 20～30kGy 便可达到杀菌要求。高压电子束则适用对单层薄膜进行杀菌处理。辐照食品的安全性受到人们关注，辐照食品的生产必须严格执行《辐照食品卫生管理办法》，以保证安全性。

三、微波杀菌技术

在 1940 年前后，Fleming、Ny-rop、Brown 等人以研究证实高频电磁波对微生物具有致死作用。微波杀菌技术就是利用微波使水分子产生振动，再利用分子产生的摩擦热进行杀菌，适用于导热不良的食品和因加热而易降低品质的食品。对于采用塑料包装材料的食品，能在包装原状下，短时间内从食品中心加热杀菌，还能防止二次污染。微波杀菌适用于霉菌、酵母菌、大肠杆菌等不耐热的微生物。

1. 微波杀菌的原理

微波是频率从 300MHz～300GMHz 的电磁波。微波杀菌是微波与物料直接相互作用，将超高频电磁波转化为热能的过程，微波杀菌是微波热效应和生物效应共同作用的结果。微波对细菌膜断面的电位分布影响细胞膜周围电子和离子浓度，从而可改变细胞膜的通透性能，细菌因此营养不良，不能正常新陈代谢，生长发育受阻碍死亡。从生化角度来看，细菌正常生长和繁殖的核酸（RNA）和脱氧核糖核酸（DNA）是由若干氢键紧密连接而成的卷曲大分子，微波可导致氢键松弛、断裂和重组，从而诱发遗传基因或染色体畸变，甚至断裂。微波杀菌正是利用电磁场效应和生物效应起到对微生物的杀灭作用。用于加热的微波频率是 915 MHz 和 450MHz。

2. 微波杀菌的特点

实践证明采用微波杀菌在杀菌温度、杀菌时间、产品品质保持、产品保质期及节能方面都有明显的优势。微波杀菌使食品温度升高，但是微波杀菌所需时间比热力杀菌所需时间显著缩短，所以暂且把它归在冷杀菌技术中。由于微波杀菌时间短，有利于保持食品的营养成分和色香味，特别是能保留更多活性物质。但是，基本建设费用较高，耗电量大，微波照射也对人体有一定的伤害。

3. 微波杀菌的应用

微波杀菌可应用于药材、保健食品的杀菌，以及蔬菜、水果、肉、奶等制品的杀菌。微波还可用于食品的灭酶保鲜，在果蔬加工过程中用微波加热的方法代替沸水预煮灭酶，可避免水溶性营养成分的损失。微波消毒操作方便、省力，消毒的速度快，加热均匀，温度也不高，对物品的损害小，消毒后取出方便，而且穿透性好，效果稳定可靠。因此，国外已将微波杀菌应用于食品工业生产中，国内用微波对食品杀菌也有了初步研究，目前我国应用较多的是对食品及餐具的处理。

用微波消毒食品对食品组成成分的影响，可因不同食品种类而有所差别。微波对食品的基本营养组成（蛋白质、碳水化合物、脂肪）的影响很小，而对维生素等不稳定物质有一定的破坏作用，但这种破坏作用与普通加热法杀菌相比，影响要小得多。

（1）微波应用于乳制品杀菌　在牛奶等乳制品的生产过程中，消毒杀菌是最重要的处理工艺，传统方法是采用高温短时巴氏杀菌。其缺点是需要庞大的锅炉和复杂的管道系统，而且能源消耗量及劳动强度大，更重要的是还污染环境。用微波对牛奶进行杀菌处理，鲜奶在80℃左右处理数秒钟后，杂菌和大肠杆菌完全达到卫生标准要求，不仅营养成分保持不变，而且经微波作用的脂肪球直径变小，且有均质作用，增加了奶香味，提高了产品的稳定性，有利于营养成分的吸收。

(2) 微波应用于豆制品杀菌　腐乳是一种民族特色的调味品，其形成机理主要是利用酶和微生物的协同效应，对大豆蛋白等成分进行生化作用。但是，当腐乳成品形成后，酶和微生物的生化作用仍然继续，最终导致腐乳过度熟化，以致软烂变质；同时酶与微生物的作用伴随产酸产气现象，可使瓶内的部分汤料溢出造成"溢汤"现象，在夏天时尤为严重。李启成等采用微波技术，对成熟后的腐乳进行处理，使酶失去活性，同时达到灭菌的功效。实验结果显示，在通过50℃热处理120s后，腐乳再经微波处理，当处理时间达70～90s时蛋白酶完全失活，保证了腐乳的风味不变，延长了腐乳的保存时间。

用2450MHz的微波对小包装豆腐在65℃、80℃和95℃下进行处理，结果发现95℃处理的豆腐能有效地延长保藏期。在4.5℃以下可以贮藏32d，其感官质量也较好。丁兰英等报道，将250mL酱油置玻璃烧杯中，经微波照射10min即达到消毒要求。

(3) 微波应用于淀粉类制品的杀菌　蛋糕、面包等焙烤食品的保鲜期很短，其主要原因是由于在常规的加热过程中，制品内部的细菌没有被杀死，导致发霉。而微波由于有很强的穿透力，能在烘烤的同时杀死细菌，可使焙烤食品的保鲜期大大延长。用750W微波炉照射月饼90s后霉菌计数结果均能符合国家标准，微波照射月饼2.5min时，月饼中心温度达104℃，对月饼污染霉菌的平均杀灭率可达99.91%。实际保鲜贮藏试验证明，微波照射后能显著地延长月饼的防霉保鲜时间，经80d的试验表明，月饼没有任何霉变迹象。

把土豆色拉放入聚丙烯塑料盘内进行微波加热，和热烫相比，达到90℃时的时间可缩短1/27，可避免因加热而带来的品质下降。照射土豆色拉4min后，大肠菌群（初始菌数10^3个/g）全成为阴性；一般细菌由初始菌10^5个/g下降到10个/g以下。所以微波相比于热烫有更好的杀菌效果，能进一步提高凉菜的存放时间和安全性。作为荞麦粉的原料荞麦一般附着杂菌在10^5～10^6个/g，而且内部也存在少量的菌类。用微波对塑料袋装的荞麦或荞麦粉照射90s能达到灭菌的目的，但粉末制品照射后会结块，必须再次粉碎。

(4) 微波应用于饮料制品、蔬菜制品的杀菌　饮料制品经常发生霉变和细菌含量超标的现象，并且不宜高温加热杀菌，采用微波杀菌技术，具有温度低、速度快的特点，既能杀灭饮料中的各种细菌，又能防止其贮藏过程中的霉变，而且经微波辐照处理后，各项理化指标均有所提高。利用微波对小包装紫菜进行杀菌保鲜研究，并与常规高温灭菌法比较，结果表明微波杀菌后细菌总数均低于对照组，且营养成分损失少，保鲜期延长。

（5）微波应用于其他食品的杀菌　除用于以上的食品外，微波杀菌技术还可用于营养保健品、水产品、肉制品和水果等食品的杀菌和保鲜中。此外，还可利用微波杀菌技术处理一些食品包装材料，减少其对食品的影响。

用 600W 微波炉对平菇进行 70℃、1.5min 或 80℃、1.0min 或 90℃、0.5min 的加热处理，其钝化过氧化物酶的效果与在 100℃热水中烫漂 5min 或蒸汽中处理 3min 的效果相同。微波处理和热水烫漂相比，菇体中的氨基酸含量提高 30%，可溶性固形物含量提高 100% 左右。且微波处理的菇体变色不明显，质地不软烂，效果良好。江连洲等将细菌总数为 32×10^6 CFU/g 的塑料袋装咖喱牛肉置微波炉中照射 40min，菌量减少至 4.3×10^2 CFU/g。郑琳等对微波杀菌处理牛肉干的应用效果进行研究，通过对影响牛肉干杀菌效果的主要因素进行正交试验，所有经微波杀菌处理的样品大肠菌群均未检出，说明微波对大肠菌群致死作用很强。

四、高压脉冲电场杀菌技术

高压脉冲电场杀菌（high-intensity pulsed electric fields，PEF）是用高压脉冲器产生的脉冲电场进行杀菌的。脉冲产生的电场和磁场的交替作用，使细胞膜通透性增加，膜强度减弱，最终使膜破裂，膜内物质外流，膜外物质渗入，细菌死亡。电磁场的作用，产生电离作用，阻断了细胞膜的正常生物化学反应和新陈代谢，使细菌体内物质发生变化。国内外对此技术已做了许多研究，并设计出相应处理装置，可有效地杀灭与食品腐败有关的几十种细菌。

1. 高压脉冲电场杀菌原理

高压脉冲电场杀菌的原理有多种假说，主要有细胞膜穿孔效应、电磁机制模型、黏弹极性形成模型、电解产物效应、臭氧效应等。归纳起来，主要表现在两个方面：一是场的作用，脉冲电场产生磁场，这种脉冲电场和脉冲磁场交替作用，使细胞膜通透性增加，振动加剧，膜强度减弱，因而膜被破坏，膜内物质流出，膜外物质渗入，细胞膜的保护作用消失。二是电离作用，电极附近产生的阴阳离子与膜内生命物质作用，阻断了膜内正常生化反应和新陈代谢过程。同时液体介质产生 O_3，O_3 的强烈氧化作用，能与细胞内物质发生一系列的反应。大多数学者倾向于认同电磁场对细胞膜的影响，并以此为基础对抑菌动力学进行推导。

2. 高压脉冲杀菌技术的装置和设备

脉冲电场的产生需要两个主要设备：脉冲能量供应装置和处理腔。脉冲能量供应装置将通常的低电压转化为高电压，同时将低水平的电能收集起来，并贮存在贮存器中，然后这些能量能以高能的形式瞬间释放（10^{-6}s）。输出电压、脉冲频率、脉冲宽度可以调节，以满足不同食品的杀菌要求。

不同菌种对电场的承受力有很大不同，无芽孢细菌较有芽孢细菌更易被杀灭，革兰氏阴性菌比阳性菌易于被杀灭。此外杀菌效果还受菌数、电场强度、处理时间、处理温度、介质电导率、脉冲频率、介质 pH 值等因素的影响。

3. 高压脉冲电场杀菌特点

高压脉冲电场杀菌处理对食品的感官质量没有造成影响，其货架期一般可延长 4～6 周，抑菌效果可达到 4～6 个对数级及以上。其处理时间一般为几微秒到几毫秒，最长不超过 1s。这种技术还可用于大豆的灭酶脱腥，并可有效保留大豆固有的香味。

4. 高压脉冲电场的处理效果

国内外研究人员使用高压脉冲电场对培养液中的酵母菌、革兰氏阴性菌、革兰氏阳性菌、细菌孢子以及苹果汁、香蕉汁、菠萝汁、橙汁、橘汁、桃、牛奶、蛋清液等进行了研究。研究结果显示抑菌效果可达 4～6 个对数级及以上，其处理时间极短，最长不超过 1s，该处理对食品的感官质量不造成影响，其货架期一般都可延长 4～6 周。1997 年，陈键用 22.5kV/cm 的电场，脉冲 50 次，使脱脂乳中 99% 的大肠杆菌失活。为了提高脉冲的杀菌效果，高压脉冲与中等程度的热处理相结合或与溶菌酶、乳链球菌素等天然抗微生物制剂相结合处理苹果汁，能有效减少大肠杆菌数量。Hodgins 等人（2002）用低能脉冲电场处理柑橘汁，结果表明：用 80kV/cm 的电场，脉冲 20 次，pH 值 3.5，44℃，添加 100U/mL 乳链球菌素能减少微生物 10^6CFU/mL，维生素 C 保留 97.5%，果胶甲酯酶的活性减少 92.1%，其货架寿命得到延长，气相色谱显示芳香物质在脉冲前后无显著差别。

五、强磁脉冲杀菌技术

该技术采用强脉冲磁场的生物效应进行杀菌，在输液管套外面，装有螺旋形线圈，磁脉冲发生器在线圈内产生 2～10T 的磁场强度。当液体物料通过该段输液管时，其中的细菌即被杀死。

1. 强磁脉冲杀菌技术的杀菌原理

关于强磁脉冲杀菌技术对微生物的作用机制有很多种理论，但归纳起来，外磁场作用于生物体所产生的生物效应主要有以下几个方面：影响电子传递；影响自由基活动；影响蛋白质和酶的活性；影响生物膜通透性；影响生物半导体效应；影响遗传基因的变化；影响生物的代谢过程。

2. 强磁脉冲杀菌技术的特点

强磁脉冲杀菌技术与其他杀菌技术相比，具有以下的特点。

① 具有杀菌时间短、杀菌效率高等特点，尤其是流动性液体食品，每小时

可处理几吨到几十吨。

② 杀菌效果好，杀菌时温度升高少，所以既能达到杀菌的目的，又能保持食品中原有的风味、滋味、色泽、品质和组分不变，这是现有的一切热杀菌工艺所无法做到的。

③ 所用设备简单，占地面积小，不需要热杀菌工艺所必需的锅炉、阀门、管道等设备。

④ 强磁脉冲杀菌的能量消耗低，无噪声，经济实用，不污染环境，不污染产品，杀菌后可得到理想的绿色食品。

⑤ 适用范围广，能用于各种罐装前液态物料、液态食品以及矿泉水、纯净水、自来水的消毒杀菌。

3. 强磁脉冲杀菌技术的应用

（1）强磁脉冲杀菌在果蔬饮料加工中的应用 在果蔬汁的加工过程中，杀菌是非常关键的环节。不同的杀菌方法，对果蔬汁的营养和风味有不同的影响。热杀菌法很容易造成营养成分的损失，并且易产生煮熟味，使产品失去果品和蔬菜原有的天然风味。而强磁脉冲杀菌可在常温或冷藏温度下杀死微生物，在灭菌过程中产热少，灭菌对象升温小，所以风味和营养几乎不损失。

西瓜汁属于低酸热敏性食品，对于杀菌条件要求苛刻，热杀菌处理不当，不但会增加西瓜汁营养成分的损失，还会产生加热煮熟味，从而失去西瓜原有的天然风味。为了解决这一难题，我国科学家马海龙等人（2003）用高强度脉冲磁场对西瓜汁的杀菌进行试验研究，并且分析了强磁脉冲的杀菌机理。研究结果表明，强磁脉冲对西瓜汁有很好的杀菌效果，产品风味好、营养全。

（2）强磁脉冲杀菌在酿造食品加工中的应用 磁力杀菌采用6000T磁场强度，将食品放在N极和S极之间，经过连续摇动，不需加热，即可达到100%的杀菌效果，且不会对食品的成分和风味造成影响。

六、脉冲强光杀菌技术

1. 脉冲强光杀菌技术的基本原理

脉冲强光杀菌采用脉冲的强烈白光闪照而使惰性气体灯发出与太阳光谱相近，但强度更强的紫外线至红外线区域光来抑制食品和包装材料表面、固体表面、气体和透明饮料中的微生物的生长繁殖。在操作时对不同食品、不同菌种，需控制不同光照强度与时间。可用于延长以透明物料包装的食品的保鲜期。

周万龙（1998）设计的脉冲强光技术对杀灭微生物和钝化酶的效果显著，其研究结果表明：随着闪照次数的增加，残余菌数明显减少。枯草芽孢杆菌起始浓度 2×10^5 个/mL 时，输入190V电压，闪照间隔为6s，高压脉冲触发宽度为20s，闪照30次后，残余菌数为0；脉冲强光对微生物致死作用明显，可进行彻底杀菌。脉冲强光还可钝化液态淀粉酶和蛋白酶，其活力随闪照次数的增加而降低。

2. 脉冲强光技术的设备

（1）具有功率放大作用的能量贮存器　它能够在相对较长的时间内（几分之一秒）积蓄电能，而后在短时间内（微秒或毫秒级）将该能量释放出来做功，这样在每一工作循环内就会产生相当高的功率（而实际消耗平均功率并不高），从而起到功率放大的作用。

（2）光电转换系统　它将产生的脉冲能量贮存在惰性气体灯中，由电离作用即可产生高强度的瞬时脉冲光。

3. 脉冲强光杀菌技术的应用

（1）脉冲强光杀菌技术在包装材料中的应用　脉冲强光能够杀死包装材料上的微生物。包装材料受到 1～20 个高强度、持续时间短的脉冲光处理，在脉冲光具有足够强度时，可把厚度为 $10\mu m$ 的薄层加热到 50～100℃，热量仅局限在表面，而内部温度没有显著升高。脉冲光可以透过包装材料直接对食品杀菌，但必须使用透光性好的包装材料，包装材料必须能传输 10％～50％ 的 320nm 的预设波长的光能，可以采用全光谱或选择性光谱杀灭特定的微生物。

（2）脉冲强光杀菌技术在食品中的应用　脉冲强光杀菌技术可有效减少食品表面微生物的数量；脉冲强光能使食品中的酶钝化；经脉冲强光处理的食品和未经处理的相比，化学成分和营养特性没有显著的变化。脉冲强光杀菌应用于食品中的优点有延长食品货架期、降低病原菌的危害、改善食品的品质以及提高产品的经济效益等。脉冲强光杀菌技术可应用于海产品、肉制品、焙烤制品、水、果品和蔬菜等当中。

① 焙烤制品。焙烤制品处于烤炉条件下，一般的微生物均不能生存，但是在烤后、冷却、切片和包装过程中会有二次污染，使得产品在贮存过程中出现霉变现象，脉冲强光的处理可有效缓解这种情况。如表 8-4 比较了比萨饼经脉冲强光处理的与未经脉冲强光处理的贮存对照试验。

表 8-4　在 7℃ 环境下贮存的比萨饼受霉菌污染情况

贮存时间/d	未处理样品/％	脉冲强光处理样品/％
10	0	0
20	30	0
30	＞80	2

试验中未经过处理的样品，7℃ 下在环境中暴露存放 20d 后，有 30％ 出现肉眼可见的霉斑，而经脉冲强光处理的样品仍然完好；存放 30d 后，前者有 80％ 以上长霉，而后者仅 2％。同样，在面包切片、纸托蛋糕、白吉饼、玉米粉圆饼

等焙烤制品上也得到了相类似的结果。

②　海产品。虾经脉冲处理后，在冰箱中保存 7d 仍可食用，而未经处理的虾，出现了由微生物引起的降解、变色、产生异味等变质现象，完全失去食用价值。用脉冲数为 4～8、强度 $1～2J/cm^2$ 的脉冲强光处理虾，可使其货架寿命延长一周。

③　肉制品。脉冲强光可延长肉制品的货架期，提高其安全性，并且对其营养价值和化学成分的分析表明，经脉冲强光处理的样品和未经过处理的样品之间并无显著差异。所分析的成分包括蛋白质、维生素 B_2、亚硝酸和维生素 C 等，其中维生素 C 和维生素 B_2 很容易吸收可见光，对光、热及氧化非常敏感，但脉冲强光处理后没有受到影响。用脉冲强光处理牛肉、鸡肉和鱼肉的研究发现，脉冲强光不会影响其营养成分，同时还发现即便是经过量的脉冲强光处理这些肉类，也没有影响到维生素 B_2 的含量。

脉冲强光杀菌是没有选择性的，只要是暴露在脉冲强光下的微生物均被它杀灭，但对于具有复杂表面的材料（如肉），其杀菌效果要明显低于具有简单表面的介质或包装，这是因为肉的表面存在小的凹陷、裂缝、折叠，使微生物有了藏身之所，光无法达到，因此杀菌效率会降低。

④　水。脉冲强光能有效地处理饮用水或食品工业用水。实验室模拟的脉冲强光进行水处理，能高度钝化水中的陆生克氏杆菌、隐孢子藻卵囊以及其他微生物。

七、紫外线杀菌技术

紫外线是一种传统的、有效的消毒方法，波长在 190～350nm 之间，其中 260nm 左右的波长为 DNA、RNA 的吸收峰，可使 DNA 的嘧啶基之间产生交联，或形成二聚物，抑制 DNA 复制，从而可导致微生物突变或死亡。紫外线杀菌能力很强，对细菌、霉菌、酵母菌、病毒等各类微生物都有显著的杀灭作用。波长 250～260 nm 的紫外线杀菌效果最佳，其杀菌效果比近紫外线（波长 300～400 nm）要大 1000 倍以上。不同种类的微生物抗紫外线能力不一样，酵母菌和丝状菌抗紫外线的能力比细菌强，病毒和细菌的抗紫外线能力基本相同。国内外紫外线杀菌主要应用于食品厂用水的杀菌、液状食品杀菌、固体表面杀菌、食品包装材料杀菌及食品加工车间、设备器具、工作台的杀菌。但在这些场合，对霉菌的杀灭效果较差，常需配合酒精消毒来加强杀菌效果。紫外线已经广泛用于空气、水等的消毒灭菌。日光能杀灭细菌，主要是紫外线的作用，杀菌原理是微生物分子受激发后处于不稳定的状态，从而破坏分子间特有的化学键导致细菌死亡。微生物对于不同波长紫外线的敏感性不同，紫外线对不同微生物照射致死量也不同，革兰氏阴性无芽孢杆菌对紫外线最敏感。杀死革兰氏阳性球菌的紫外线照射量需增大 5～10 倍。但紫外线穿透力弱，所以比较适用于对空气、水、薄层流体制品及包装容器表面的杀菌。由于紫外线照射会破坏有机物分子结构，所以会给某些食品的加工带来不利的影响，特别是含脂肪和蛋白质丰富的食品经紫外线照射会促使脂肪氧化、产生异臭，蛋白质变性，食品变色等。此外，食品中所含的有益成分如维生素、叶绿素等易受紫外线照射而分解，因此紫外线照射杀菌的应用受到一定程度的限制。

1. 紫外线杀菌的原理

紫外线照射的能量较低，不足以引起原子的电离，仅产生激发作用，使电子处于高能状态，而不脱开。对于紫外线的杀菌机制，一般认为其杀菌作用在于促使细胞质的变性。当微生物被紫外线照射时，只有在菌体吸收了紫外线后，才能显示出其杀菌作用。经过多年来大量的研究，目前对紫外线的杀菌机理已经有了比较清楚的了解，紫外线主要作用于微生物的核酸，导致其被破坏；同时其对蛋白质、酶及其他生命攸关的物质亦有一定的作用。

（1）对核酸的作用　研究表明，杀菌紫外线主要被微生物的核酸所吸收，而蛋白质及其他生物学上重要分子的吸收是有限的。大肠杆菌的灭活光谱平行于核酸的吸收光谱，是紫外线作用于核酸灭活微生物的有力佐证。

核酸包括脱氧核糖核酸（DNA）和核糖核酸（RNA），紫外线对 DNA 和 RNA 都可以发生作用，导致其破坏。

（2）对蛋白质的作用　紫外线对蛋白质的作用较小，原因是 253.7nm 的杀菌紫外线被蛋白质吸收的量小。紫外线可以被蛋白质上的氨基酸所吸收，从而破坏这些化学基团，导致蛋白质变性，结构改变，使其失去功能。

（3）对糖的作用　由于糖对大于 230nm 波长的紫外线基本不吸收，故一般认为，糖在微生物的紫外线灭活中不起作用。但＜230nm 的紫外线可以破坏 DNA 上的脱氧核糖，最后使 DNA 链断裂。

2. 紫外线杀菌的应用

早在 1903 年人们就已经发现紫外线对空气中的微生物具有杀灭作用。20 世纪 30 年代，Dart 开始利用人工紫外线源进行室内消毒。此后，随着有关技术的发展，利用紫外线进行消毒的设备与方法不断得到改进，紫外线的杀菌机制亦进一步得到阐明。目前，紫外线对空气的消毒已广泛应用于制药工业、食品工业、卫生防疫、医疗、科研、航天等领域。

由于紫外线光波穿透力差，因此它的使用受到限制，主要应用于空气消毒、水及水溶液的消毒和表面消毒这三个方面。

（1）对空气的消毒　空气几乎不吸收紫外线，杀菌灯会产生最大的杀菌效果。原则上，在一切食品生产加工经营的场所都可以安装紫外线杀菌灯进行空气消毒杀菌。可用于乳制品、肉制品和鱼类制品等的无菌罐装和无菌包装过程中；

在熟肉制品成品晾放和产品销售时；餐馆饭店的冷拼场所，快餐、豆粉、麦乳精、乳粉和各种固体饮料的无菌包装过程中；在糕点、面包、凉果、冷饮冷食、糖果等生产加工、包装过程中。在食品加工工厂的微生物实验室内，安装紫外线杀菌灯进行空气杀菌是必需的。一部分食品加工工厂使用高性能过滤除菌的洁净室装置等设备，该设备投资费用较昂贵，维修管理的劳力和经费都较多。而紫外线杀菌的设备费用、维修费用均很低廉。当前我国食品企业、经营单位的现状从客观上要求使用紫外线杀菌灯实施空气消毒。

（2）对水的消毒　在纯净水及矿泉水生产中，消毒灭菌是十分重要的工艺过程。国家在矿泉水和纯净水产品标准中对微生物指标均有十分严格的要求，并规定凡微生物指标有一项超标即判定该批产品不合格。杀菌消毒有多种工艺，其中在饮用水生产中常用的有过滤除菌、化学灭菌和紫外线灭菌。紫外线、氯气、臭氧三种消毒方法的比较见表 8-5。

表 8-5　紫外线、氯气、臭氧三种消毒方法的比较

比较项目	紫外线	氯气	臭氧
成本投资	一般	低	高
运行成本	低	中等	高
维护费用	低	中等	高
消毒性能	极好	好	不稳定
消毒时间	$1\sim5s$	$25\sim45min$	$5\sim10min$
对人体危害性	低	中等	高
有毒化学成分	没有	有	有
水化学成分改变	不会	会	会
残留量影响	没有	有	有

（3）表面杀菌消毒　由于紫外线辐照能量低，穿透性差，仅能杀灭直接照射到的微生物，照射不到的部位没有杀菌的作用，因此只适用于消毒表面平坦的物体。对于食品生产经营过程、场所的许多环节使用紫外线直接照射消毒杀菌是有效的。如对于食品加工必须使用的工作台面、切熟食的墩、容器均可使用紫外线杀菌消毒。另外对一些必须进行消毒的纸张、塑料包装材料的表面均可使用。对食具、厨房用器具和容器等的表面实施消毒时，这些器具必须洗净，除去污物，否则杀菌效果就要降低。食品用的空容器或装入食品的容器在传送带上运行时，可在传送带上方设置杀菌灯对此进行连续的消毒。紫外线灯消毒台面时，可采取固定吊装或移动式装置。固定吊装的灯管，应在灯管上部安装反光罩，将紫外线反射到下面的拟消毒的表面，照射时，灯管距离被消毒物体表面不宜超过 1m，所需时间 30min 左右，消毒有效区为灯管周围 $1.5\sim2m$ 处。紫外线消毒纸张、

织物等粗糙表面时，要适当延长照射时间，且应使其两面均受到照射。

3. 紫外线杀菌的注意事项

使用紫外线灯管消毒时应注意以下几个方面。

① 紫外线灯管外面有灰尘和油污时，会阻碍紫外线的透过，应经常擦拭灯管，保持灯管表面透明。可用酒精、丙酮、氨水作擦拭剂。擦拭布必须干净无油，否则会污染灯管，阻碍紫外线透过。

② 紫外线肉眼看不见，灯管放射出的蓝紫光线并不代表紫外线强度，应定期用紫外线强度计或紫外线化学指示卡测定输出强度，以判断紫外线灯管的使用情况，不能达到规定要求的，应及时更换。也可逐日记录使用时间，以便判断是否达到使用期限。国产灯管一般为 4000h，当用过规定期限 3/4 时即需更换灯管。

③ 消毒时，消毒场所应保持清洁、干燥，空气中不应有灰尘或水雾，温度保持在 20℃ 以上，相对湿度不宜超过 50%。

④ 紫外线进行表面消毒时，要直接照射到被消毒物品各面，使各面都受到一定剂量的照射。

⑤ 紫外线灯管（30W）在 1m 远处照射 1～2min 可使人的皮肤产生红斑，对眼睛直射 30s 可产生刺激症状，再增大剂量可引起紫外线眼炎。预防紫外线的特殊眼镜、普通的玻璃眼镜均可完全遮蔽紫外线，在食品加工厂无菌操作环境中，尤其在杀菌灯照射下操作时，应注意对眼、脸、手等皮肤的保护。

⑥ 紫外线可在空气中产生臭氧，臭氧过多能使人中毒，要求操作现场臭氧浓度不得超过 $0.3mg/m^3$。因此，对臭氧要采取相应的防护措施。

八、臭氧杀菌技术

臭氧是 1840 年德国人舒贝因（Schonbein）发现并命名的，1870 年，瑞典一家牛肉公司将臭氧用于牛肉存储保鲜，并一直沿用至今。该气体属强氧化剂，具有广谱杀菌作用，其杀菌速度较氯快 300～600 倍。臭氧不稳定，一般在空气中的分解半衰期为 20～50min，在水中的分解半衰期为 16min。过去，该化合物产生有一定难度，且无法保存，消毒应用受到了限制，目前用电晕放电法生产臭氧解决了这一难题。臭氧对各类微生物都有强烈的杀菌作用，可杀灭水中所有的细菌（包括芽孢）、病毒、孢子虫类，且无残留。较低浓度的气态臭氧可抑制霉菌和细菌的生长繁殖。用浓度为 0.3mg/L 的臭氧水溶液处理大肠杆菌和金黄色葡萄球菌 1min，杀灭率达到 100%；用浓度为 1.5mg/L 臭氧溶液作用 1min，可全部杀灭黑曲霉和酵母菌；当水中臭氧浓度为 4.61～8.87mg/L，作用 3～10min 可将水中的枯草杆菌黑色变种芽孢杀灭，杀灭率达 99.99%。臭氧除对蔬菜表面的微生物有良好的杀菌作用外，臭氧的强氧化性还可将蔬菜产生的乙烯氧化破坏，从而对延缓蔬菜后熟、保持蔬菜新鲜品质有理想的效果。臭氧氧化力极强，仅次于氟，能迅速分解有害物质，杀菌能力是氯的600～3000倍，其分解后迅速还原成氧气。臭氧杀菌技术在欧美等发达国家早已得到广泛应用，是杀菌消毒、污水处理、水质净化、食品贮藏、医疗消毒等方面的首选技术。中国医学科学院研究证明，臭氧可以有效地杀灭淋球菌，并且对水中的重金属化合物有分解作用。试验证明，臭氧水是一种广谱杀菌剂，它能在极短时间内有效地杀灭大肠杆菌、痢疾杆菌、伤寒杆菌、流脑双球菌等一般病菌以及流感病毒、肝炎病毒等多种微生物。还可杀死和氧化鱼、肉、果蔬、食品表面能产生异变的各种微生物或使果蔬脱离母体后继续进行生命活动的微生物。

第二节　瓜果产品的冷杀菌技术与实例

一、芒果的湿冷保鲜技术

1. 应用说明

芒果是呼吸跃变型的水果，室温条件下放置5～7d即成熟软化，而且极易感染病害。但目前国内外芒果的贮藏主要是采用低温贮藏、气调贮藏、减压贮藏、乳化深层贮藏等方法，这些方法存在一些不良的地方，使得这些技术还欠成熟。"湿冷系统"是一种新型、低能耗的果蔬保鲜预冷技术，其原理是通过机械制冰蓄积冷量，获取0℃的水，通过混合换热器，让水与库内空气传热传质，以获得接近冰点温度的高湿（90%～96%）空气来冷却物料。它可以快速冷却果蔬，并保证不会冻结，同时结合O_3处理，能较好地抑制果蔬的呼吸和蒸腾作用，延缓成熟衰老，保持果蔬原有的风味和新鲜程度。

2. 工艺流程

果品选择采收→洗果(洗去果乳)→预冷处理→杀菌处理→分级入库→出库
销售←催熟(18～22℃)┘

3. 操作要领

（1）预处理　为了消除芒果的呼吸热、田间热和辐照热，降低新陈代谢强度等，要进行及时的预冷。预冷处理对延长芒果的贮藏时间，保持果蔬的品质具有重要的作用。因为芒果采摘时温度较高，果温达30℃左右，会很快衰老劣变，因此预冷显得尤其重要。在湿冷库中，芒果降温速度比较快，4h即可由28℃降至10℃，如图8-1所示。

（2）杀菌处理　芒果经预冷处理后，可进行消毒处理，消毒处理时用臭氧水处理是最有效的处理方法，处理后产品的失重率小，仅为1%～5%。臭氧处理有效抑制了芒果的呼吸作用，分解了代谢产生的乙烯、乙醇等代谢产物，并且臭

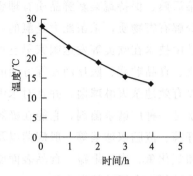

图 8-1　芒果在湿冷库中的预冷处理

氧水还能杀死芒果表面的病原菌，起到预冷和洗果的作用。臭氧水处理的浓度为
1.5mg/L，处理时间为 3~5min，处理后经风干入湿冷库进行湿冷处理。

（3）湿冷处理　湿冷库采用压差预冷的方法，并用高湿空气来冷却（湿度达
90%~95%），所以尽管它的动力配置不大，仍能满足冷藏的需求。湿度是维持
芒果贮藏效果的必要条件，湿冷库采用高湿空气加湿，又采用了压差预冷方法，
增湿速率很快，在 4h 内就可由 80% 增加至 95%，增湿速率为 3.75%/h。如图
8-2 所示。

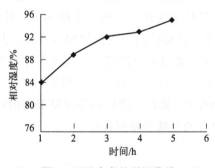

图 8-2　湿冷库的增湿曲线

综上所述，湿冷系统与臭氧处理相结合能明显减少芒果贮藏过程中的失重，
保持芒果品质。

（4）贮藏　芒果的最佳贮藏温度为 12℃，相对湿度为 90%~95%，适合在
湿冷库中贮藏。

二、冬枣的湿冷保鲜技术

1. 应用说明

冬枣以其成熟晚而得名，其果形美观，色泽鲜艳，果肉脆嫩多汁、浓甜微
酸，啖食无渣，是一种风味极佳的红枣鲜食品种。冬枣富含 19 种人体所需的氨

基酸和多种维生素，有很高的食疗价值和多种保健功效。但冬枣采后极易失水、皱缩、酒软和霉烂，并伴有维生素 C 的大量损失，致使冬枣供应期短，销售面窄，一直处于小范围发展状态。采用湿冷保鲜技术来保存冬枣可很好地解决冬枣长期贮藏困难的问题。臭氧可氧化冬枣贮藏过程中产生的乙烯和乙醇，防止冬枣霉烂和酒软，从而可延长其贮藏寿命，增加种植者和销售者的效益，丰富果品市场。

2. 工艺流程

采收半红的冬枣→分级→0.06mm 聚乙烯塑料袋→打孔→包装→入湿冷保鲜库贮藏
上市←通风←1～2mg/L 臭氧处理←┘

3. 技术要领

(1) 冬枣的采收时间　冬枣的采摘期约为 1 个月，可分为采摘前期（第 1 周）、采摘中期（第 2、3 周）和采摘后期（第 4 周）。根据冬枣的着色度可将其分为全红果（着色度 50％以上）、半红果（着色度 50％以下）、绿白果。用于贮藏的冬枣应在半红果时（着色度 20％～60％）尽量晚采摘。

(2) 包装　冬枣在处理前应进行包装，包装采用 0.06mm 厚、适宜大小的聚乙烯塑料袋，袋上每隔 15～20cm 打一孔，孔的直径为 1.2cm，取适量的冬枣（一般以每袋 5～10kg 比较适宜）放入袋内备用。

(3) 贮藏　把包装好的冬枣送入 -1.5℃的湿冷保鲜库，入库时采用货架存放的方式，保持湿冷保鲜库里的相对湿度为 90％～93％。

(4) 臭氧处理　在冬枣贮藏期间利用 1～2mg/L 的臭氧进行处理，每天处理 30min，处理后闷库。注意在贮藏期间为了防止二氧化碳的累积，应每天开库通风一次，每次 20～30min。

三、库尔勒香梨的辐照保鲜技术

1. 应用说明

库尔勒香梨是我国的重要果品，原产于新疆南疆地区，以库尔勒地区种植面积最大，因此而得名，目前在北疆的伊犁、吐鲁番市也有较大面积栽培。库尔勒香梨具有皮薄、果肉脆甜、爽口等特点，特别是经贮藏后，果皮完全变成金黄色，口感也有所改善，其品质可与国内任何最佳梨品种相媲美。但目前在库尔勒香梨贮存中存在着贮存时间短、发霉、腐烂率高等现象，严重影响着库尔勒香梨的销售，为此应进行库尔勒香梨耐贮性的研究，以提高库尔勒香梨的贮藏时间及产品的效益。

2. 工艺流程

香梨的采收→分级包装→^{60}Co-γ 射线辐照（5～10kGy）→入库贮存
上市←贮藏 8～10 个月←贮存条件（温度 2～10℃，湿度 65％～85％）←┘

3. 技术要领

（1）采收时间　库尔勒香梨的采收时间比较重要，新疆地区应在9月下旬采收。采收后要及时进行预冷、分级、包装，包装采用适宜的纸箱即可。

（2）消毒和贮藏　包装好的香梨利用$^{60}Co-\gamma$射线辐照杀菌，辐照剂量为5～10kGy，辐照后立即入低温库进行贮藏。贮藏期间保持库温2～10℃，空气相对湿度为65%～85%，贮藏时间一般可为8～10个月。

（3）上市　经γ射线处理的香梨不仅贮藏效果提高了，而且果品贮藏期间的呼吸高峰也明显延迟了，减少了产品营养成分的消耗。同时贮藏期间的发霉率、腐烂率也明显下降，延长了香梨的贮藏时间，贮藏期间可随时上市，最长贮存时间为8～10个月。

四、桃的空气放电保鲜技术

1. 应用说明

桃是蔷薇科桃属中的多年生落叶乔木桃树的果实。桃中含丰富的营养，是人类很好的食用果品，桃子既可鲜食，也可以制成桃脯、桃酱、罐头等食品。但由于桃的收获多在夏季，食用季节短，所以影响着它的供应期和产量。而在桃的贮存方面，由于夏季炎热，桃子含水分较多，使得桃的贮存比较困难，一方面是防腐保鲜既要减少桃果实内源乙烯的生成，去除贮藏环境中的外源乙烯，又要防止有害微生物的侵入繁殖；另一方面，低温下桃可以贮存较长时间，但低温下桃易发生冷害和丧失原有风味。所以桃的无害保鲜技术是桃贮藏的关键技术。

空气放电保鲜法，又称电子保鲜法，其以高频辐照产生的空气正负离子及臭氧对密闭条件下的桃子进行处理。其主要是利用负离子中和桃内积累的正电荷，降低桃中的电势；并利用臭氧杀死桃表面的细菌，抑制真菌，防止果实腐烂变质；同时臭氧还能消除贮藏环境中的乙烯、乙醇、乙醛等有害气体，减少桃果实的生理消耗，抑制后熟。

2. 工艺流程

桃子果实的采摘→放在阴凉通风处贮存→筛选果实→60min密闭放电处理

上市销售←贮藏（20℃）←┘

3. 操作要领

（1）桃子的选择　进行贮藏的桃子应选择7～8分成熟的，收获后要进行挑选，选择没有损伤、没有病虫危害、表面均匀一致、颜色均匀的果实。没有完全成熟的果实果肉细胞壁的果胶酯化近100%，以后当果实变软时，酯化程度迅速下降，可溶性果胶从占醇不溶性物质总量的24%急剧增至70%左右，果胶的这种水解过程是果胶酯酶（PE）和多聚半乳糖醛酸酶（PG）共同作用的结果。

（2）桃子消毒　把选择好的桃子放在辽宁双龙保鲜设备厂生产的BXDH-150

水果蔬菜电子化学综合保鲜机进行放电处理，放电处理时间为 60～80min。处理时将桃子及保鲜机密封在一定容积的塑料帐中，保持处理温度为 20～22℃。

（3）贮存和上市　经放电处理的桃子在处理结束后，应将桃果摆放在温度为 20℃左右，相对湿度为 80%～90% 的贮存库中，并注意每天观察贮存效果。注意库房在贮存前要经过消毒剂处理，并用保鲜机照射杀菌消毒。在果品贮藏期间可随时上市。

五、鲜榨哈密瓜汁生产中的超高压杀菌技术

1. 应用说明

哈密瓜是葫芦科比较重要的水果，不仅可以进行鲜食，而且可进行大量的加工，特别是加工成哈密瓜汁，是深受人们喜爱的饮料之一。在哈密瓜汁的加工过程中，应保证哈密瓜有良好的品质，特别是应有独特的香气，因为香气是衡量哈密瓜品质的一个重要指标。但哈密瓜属热敏性瓜果，其汁液经 100℃ 加热 1～3min 即产生似煮熟的南瓜味，使其失去哈密瓜原有的风味，所以在哈密瓜汁生产中采用热力杀菌是不可取的。而在哈密瓜汁生产中采用超高压杀菌不仅可保持产品的原有风味，同时也可减少产品营养的损失，因此超高压杀菌是哈密瓜汁生产中的主要杀菌方式。

2. 工艺流程

哈密瓜→挑选、清洗→臭氧水消毒→去皮、籽→切分（2cm×8cm）→打浆
检验←罐装←无菌←超高压处理←冷却←均质←脱气←瞬时升温←调配←胶磨（10～15μm）◄┘

3. 操作技术要点

（1）原料的选择　哈密瓜应选择新疆地区生产的瓜，最好是夏甜瓜。要求达到 8～9 成熟时采收，采收时应使糖度大于 12°Bx，并选择香气浓郁，肉色橘红，可利用率在 70% 以上，没有腐败变质的哈密瓜。

（2）原料消毒和处理　选择好的哈密瓜应利用清水清洗，清洗后的哈密瓜利用 0.5mg/L 的臭氧水消毒 30min，消毒后应在无菌车间进行去皮、切瓜、去籽等操作。切瓜时把瓜切成 2cm 宽、8cm 长的小条，把切好的条用打浆机打成浆，并胶磨成 10～15μm 的颗粒。哈密瓜的切分、打浆过程应控制温度在 15～18℃，并且应注意打完浆的汁液应在 30min 内进行下一步加工，这样可降低哈密瓜汁液中的微生物繁殖速度。

（3）脱气、均质和冷却　哈密瓜经过打浆、胶磨后会产生大量空气泡沫，应采用瞬时升温到 60～65℃、升压到 466.6kPa 脱气的方法，除去这些空气泡沫，避免超高压过程压缩的高浓度氧对哈密瓜香气成分造成氧化破坏。40MPa 压力均质后可保持产品组织状态的均一性。均质后进行冷却，冷却的目的是降低哈密瓜汁超高压加工过程的温度，减轻加热对哈密瓜汁香气的破坏。

（4）超高压处理　为了使哈密瓜汁能适应多种包装材料，一般采用杀菌后再包装的方式进行杀菌和包装。杀菌时采用500MPa的超高压处理，处理时间为20min。处理时的升压速度为100MPa/min。超高压处理后应在无菌的条件下利用利乐包、铝箔无菌袋、PET瓶、玻璃瓶等进行无菌包装，包装后的产品应在2～8℃的冷藏条件下贮藏、运输和销售。

第三节　蔬菜产品的冷杀菌技术与实例

一、胡萝卜-花生奶茶生产中的超高压杀菌技术

1. 应用说明

随着人们生活水平的提高，人们对蔬菜饮料的需求量逐渐增加，不仅在数量上需求量在不断增加，在质量上也要求较高，特别是对产品营养成分的含量提出了更高的要求，如要求在生产过程中应尽量减少营养的损失，保持产品的味、香、色、营养等品质。目前多数的蔬菜汁的生产是采用传统的高温杀菌的方法，不仅使产品的味、色有所改变，而且使产品的营养明显减少，大大降低了产品的品质。超高压处理能杀灭所有的微生物，破坏残存酶的活性，防止产品腐败变质，固定饮料的成分，便于贮存和保管。

在新鲜果汁中，由于自身酶的存在，极易发生变色、变味、变质，这些酶多为食品品质酶，如过氧化氢酶、多酚氧化酶、果胶酯酶、脂肪氧化酶、纤维素酶等，通过超高压处理能够激活或杀灭这些酶，有利于改善饮料的品质。

超高压对饮料中的风味物质、维生素、色素及各种小分子物质的天然结构几乎没有影响。因为超高压技术不会使物料温度升高，只作用于非共价键，共价键基本不被破坏。

胡萝卜是含营养较高的蔬菜之一，在加工过程中应尽量保持产品的营养，为此在加工过程中应尽量减少加工过程对营养的消耗。将胡萝卜-花生奶茶密封于弹性容器或置于无菌压力系统中，经200MPa以上超高压处理一定时间，可达到保持营养、改善风味、提高品质、延长货架期等目的。

2. 工艺流程

花生→选择→增香去皮→浸泡→过滤　　胡萝卜→洗净去皮
　　　　　　　　　　　　　↓　　　　　　　　　　↓
成品←超高压杀菌←包装←均质乳化←调配←过滤←打浆←切片预煮

3. 胡萝卜-花生奶茶超高压杀菌的装置

超高压处理装置可分为立式和卧式两种。立式占地面积小，但物料的装卸需专门装置；卧式物料进出方便，但占地面积较大。

（1）高压容器　高压容器有高强度不锈钢圆筒，外设线圈强化结构。

（2）加压装置　加压装置可分为直接加压式和间接加压式两种。直接加压式的高压容器与加压装置分离，用高压泵产生高压水，然后通过高压分配管将高压水送至高压容器，使物料受到高压处理，具体包括升压、动态保压、卸压三个过程；间接加压式的高压容器与加压汽缸呈上下配置，在加压汽缸向上的冲程运动中，活塞将容器内的压力介质压缩产生高压，使物料受到超高压处理。

（3）辅助装置　用于胡萝卜-花生奶茶生产中超高压处理的辅助装置有：

① 高压泵。采用液压装置产生高压。

② 恒温仪器。为了便于控制油温，在高压容器外做成夹套结构，并通以一定温度的循环水。

③ 测量仪器。如热电偶测温计、压力传感器、记录仪、电视摄像系统等。

④ 物料的输入输出装置。如输送带、提升机、机械手等。

（4）超高压处理周期

物料充填→加压容器的供给→加压准备→加压处理→取出准备→加压容器的取出

物料取出←水切片←

（5）运行方式　采用多个高压容器组合而成的系统，可实现半连续化生产，即在同一时间不同容器内可完成从物料充填→加压处理→卸料的加工全过程。

4. 操作技术要点

（1）材料的选择　胡萝卜应选择达到商品成熟，并没有发生木质化的个体。应选择肉质根呈鲜红色或橙红色的品种，并且要求肉质新鲜肥大，皮薄肉厚，中柱小，纤维少，组织紧密而脆嫩，无病虫害。花生应选择颗粒饱满的品种，剔除霉烂变质个体，选择好的应将其清洗吹干。

（2）材料的处理　胡萝卜用清水洗净，采用人工去皮的方法去皮，或采用95℃以上浓度5％～10％的 NaOH 溶液处理 8min 去皮，去皮后立即用流动水清洗干净。将去皮后的胡萝卜用切片机切成薄片，再于夹层锅中预煮 8～10min，可破坏胡萝卜组织中的酶，并使胡萝卜组织发生软化，同时减少胡萝卜特有的"闷臭味"。用筛孔孔径为 0.5mm 的打浆机打浆，取汁后进行粗过滤，将滤渣用适量水搅拌再打浆、取汁，并与第一次的滤液混合。用 120 目尼龙滤布将粗滤后的混合胡萝卜汁过滤 1 次，制得胡萝卜汁备用。

将花生仁于 100℃左右烘烤 10～12min，使花生仁中的羰基化合物与氨基化合物在高温条件下发生美拉德反应而使制品增加香气，同时有利于去除红衣。用花生重量 4 倍的热水，加入 0.2％NaHCO₃ 浸泡 5h，使净仁充分吸水膨胀，再用清水浸泡、漂洗干净。用磨浆分离机将花生加以粉碎，并将浆、渣加以分离，分离滤布为 120 目。进料时，加料、加水要均匀，滤渣用适量 80℃水搅匀再行分离，反复 3 次，合并滤浆，混匀备用。

（3）胡萝卜-花生奶茶的配制　用夹层锅制作奶茶，将胡萝卜汁、花生乳、白砂糖、Na_3PO_4、复合稳定剂、复合乳化剂在夹层锅中搅拌混匀，开启蒸汽阀，维持液面沸腾2min。将调配好的混合乳液用高压均质机均质1次，均质压力为$3.0×10^7Pa$。

（4）包装　利用PE塑料袋进行包装，包装规格可以为200~500g，也可采用PE塑料瓶包装。

（5）超高压杀菌　包装好的产品利用超高压处理装置在200MPa下处理20min，处理后进行冷却即成成品，上市销售。

5.产品的质量

经超高压处理的胡萝卜花生奶茶具有如下的感官指标。

（1）色泽及气味　微红色或橙色；具有芳香浓郁、香甜适口、口感厚实而绵长的特点，无异味。

（2）组织状态　乳质均匀分散，无凝块，无沉淀，无油圈及分层现象。

（3）理化指标　可溶性固形物≥8%，蛋白质≥1.2%，植物脂≥1.3%，pH值6.5~7。

（4）重金属　砷≤0.5mg/L，铜≤1.0mg/L，铅≤1.0mg/L。

（5）微生物指标　符合国家标准。

二、竹笋加工贮藏中的辐照杀菌技术

1.应用说明

竹笋是禾本科中以肥嫩幼芽为食用部位的多年生蔬菜。竹笋由于营养丰富，污染较少，适合加工而受到人们的欢迎，是人们喜食的一种蔬菜，在市场上的需求量很大，呈连年上升的趋势。但在竹笋的生产中存在上市集中、贮藏时间短、加工影响产品品质等不良现象。利用辐照杀菌既可很好地达到贮藏竹笋的目的，又可减少产品中营养的损失，是未来竹笋贮藏加工的方向。

2.工艺流程

竹笋挑选洗净→复合薄膜包装→102℃蒸汽常压杀菌15~20min

上市销售←贮藏←^{60}Co-γ射线辐照（5kGy）杀菌←冷却←┘

3.技术要领

（1）材料选择　进行竹笋的保藏应选择冬笋（楠竹笋）或春笋。用复合塑料进行减压包装，包装好的竹笋准备进行消毒处理。

（2）高温杀菌　包装好的材料先进行高温杀菌。高温杀菌采用102℃的常压蒸汽杀菌，杀菌时把包装好的竹笋袋放入杀菌器中，向内通入102℃的蒸汽，在常压下杀菌15~20min，取出后冷却至室温进行辐照杀菌。

（3）辐照杀菌　辐照杀菌时利用5kGy的^{60}Co-γ射线进行辐照，辐照后进行贮藏。

竹笋的 ^{60}Co-γ 射线能促使蛋白质向水解氨基酸转化。从总体上看，辐照可使竹笋的水解氨基酸总量增加 18.6％，增加效果显著。所以通过辐照对竹笋进行杀菌不仅有利于产品的保存，减少营养的损失，而且可改善产品品质，有利于人体对营养的吸收。

三、油豆角的涂膜和臭氧杀菌保鲜技术

1. 应用说明

油豆角为豆科菜豆属菜豆种的一个品种，为一年生缠绕性草本植物。油豆角是东北地区的特色菜豆品种，近年来在北方地区种植面积和上市量都在增加，成为北方地区夏秋两季上市的大宗蔬菜，在北方夏秋季蔬菜的供应上起到了重要作用。但油豆角含水分较高，一般含水分在 90％ 以上，水溶性物质含量多，极易被微生物利用而发生腐烂。同时油豆角属冷敏性蔬菜，不能低温贮存，当温度低于 8℃ 时其代谢作用受到干扰，就会出现生理病害（俗称冷害），进而变质腐烂。所以油豆角是一种难于保鲜的蔬菜，夏秋季只能贮存一周左右，为此应探索一种适宜油豆角贮藏的方法。

2. 工艺流程

原料→挑选→清洗→浸泡涂膜→控干→装入聚乙烯薄膜袋内→通入臭氧

8～10℃ 贮存←扎紧袋口←┘

3. 操作要领

（1）油豆角的选择　在油豆角商品成熟季节选择适宜大小的油豆角进行贮存。应选择没有伤残、无病虫危害、表面均匀一致、颜色均匀、完好的果实。选择后进行清洗，风干。

（2）油豆角的涂膜　用羧甲基壳聚糖、山梨酸钾和尼辛配成涂膜液来进行油豆角的涂膜，涂膜液中含羧甲基壳聚糖 1.5％、山梨酸钾 0.5％ 和尼辛0.05％。涂膜时把油豆角放在涂膜液中浸泡 8～10s，浸泡后取出，放在架子上控干备用。

（3）臭氧消毒　把控干水分的油豆角放在聚乙烯薄膜袋中进行臭氧消毒。每只袋中装入 5kg 的油豆角，利用臭氧发生器向内通入臭氧，每只袋中通入臭氧的时间为 2～3min，然后扎紧袋口进行贮存。

（4）低温贮存　消毒后的油豆角置于温度为 8～10℃、相对湿度为 90％～95％ 的环境中贮存。贮存过程中每隔 5d 开袋检查一次，检查时再通入臭氧 2～3min。如发现袋内水珠过多，则要更换薄膜袋。

（5）上市　经涂膜和臭氧消毒的油豆角一般可以贮存 2 个月左右，在贮存过程中可随时上市。涂膜与臭氧杀菌相结合是一种很好的保鲜技术，能很好地解决油豆角涂膜后带来多余水分而加速腐烂的难题。

四、藕粉生产中的辐照杀菌技术

1. 应用说明

莲藕是睡莲科多年生草本植物，在我国已有几千年的栽培历史，也形成了加工藕粉的悠久历史。但莲藕在加工成粉状时，由于经过的工艺较多，使产品的带菌量较高，在传统的藕粉生产过程中，杀菌是采用熏蒸或焙烤方法，虽有一定效果，但因化学残留和杀灭微生物的可靠程度不高，制约了生产的发展。在莲藕生产中如采用^{60}Co-γ射线进行辐照杀菌，能有效地解决杀菌的技术难题，产品中也不会含有任何残留物质，可保证产品安全性。

2. 工艺流程

莲藕→挑选洗净→加工藕粉→PE袋包装→^{60}Co-γ射线辐照（6kGy）杀菌
销售←二分之一剂量时翻转包装袋←┘

3. 技术要领

（1）辐照杀菌装置　辐照杀菌装置为花篮结构的辐照场，其辐照源在辐照场中心位置，辐照源为^{60}Co-γ射线，放射性活度为4.4×10^{15}Bq。

（2）辐照杀菌　藕粉用PE袋包装，热塑封口，将封装好的样品放置在距离地面30cm的地方进行辐照杀菌处理。

辐照采用^{60}Co-γ射线杀菌，辐照剂量为6kGy，辐照达二分之一剂量时翻转包装袋，以确保试验样品受照的均匀性。

（3）辐照杀菌效果　藕粉经6kGy的辐照杀菌后，残存菌数量明显下降，杀灭效果达到99.85%，并且大肠杆菌的数量降到了100个/100g，总菌落数降到80个/g。说明^{60}Co-γ射线辐照藕粉是一种行之有效的杀菌方法。

^{60}Co-γ射线杀菌可取代传统的灭菌工艺，而且杀菌彻底，操作方法简便，适合在藕粉生产中应用。

五、笋干生产中的辐照杀菌技术

1. 应用说明

竹笋是禾本科中以肥嫩幼芽为食用部位的多年生蔬菜。竹笋营养丰富，不仅含有糖类、脂肪、蛋白质，而且还含有丰富的胡萝卜素、矿物质元素，特别是氨基酸组成全面，人体必需氨基酸含量较高，并具有污染少等特点，近年来很受人们的欢迎，但鲜食竹笋存在着上市集中、贮藏时间短等问题，影响着人们的食用。

随着改革开放深入发展，研制生产食味鲜美、食用方便、安全卫生的小包装笋干，具有重要的现实意义。天目笋干为浙江省临安特产，为蔬菜之珍品。天目笋干以"清鲜盖世甲于诸蔬"之美称闻名海内外。为减少产品生产中的营养损耗，应采取冷杀菌的方式进行杀菌处理。

2. 工艺流程

鲜竹笋→挑选分级→浸泡→分丝→切断→蒸煮→加辣味品或肉制品调味→冷却→铝箔真空包装

室温下贮藏或销售←二分之一剂量时翻转包装袋←^{60}Co-γ 射线辐照(7 ～ 8kGy)←┘

3. 技术要领

（1）原料选择和生产　加工所用竹笋应选择产地生产的新鲜竹笋，选择好的竹笋要进行挑选分级，经浸泡、分丝、切断，在沸水中煮 30～60min，烘干冷却后加入辣椒粉做成辣味笋干，加入火腿丝做成火腿笋干。在无菌条件下用铝箔抽真空包装，每小包重量在 50g。

（2）辐照杀菌　辐照处理采用^{60}Co-γ 射线，辐照时产品以辐照源为中心做同心圆排列，为使照射均匀，在受照射剂量一半时将样品翻一次面。辐照剂量为 7～8kGy。

（3）辐照杀菌效果　笋干经 7～8kGy 的辐照杀菌后，残存菌数量明显下降，常温下贮藏时间可达 4 个月，并且产品能保持原色原味，无胀袋现象出现。

第九章　果蔬花卉产品的超临界流体萃取技术与应用

第一节　超临界流体萃取技术的应用和发展趋势

超临界流体萃取技术（supercritical fluid extraction，SCFE）是一种高效的新型分离技术。是目前发展极其迅速，应用也极为广泛的一种分离技术，与传统的萃取方法如减压蒸馏、水蒸气蒸馏和溶剂萃取等相比，它可以选择性地提取有效成分或去除有害物质，具有较好的渗透性和溶解度，无污染，现已成为目前物质分离的首选技术。

一、超临界流体萃取技术的应用

1. 超临界流体萃取技术在食品工业中的应用

超临界流体萃取技术在食品中的研究已经有很长的历史了，并且发展迅猛，已取得显著的成效。目前在动植物油脂萃取，啤酒花有效成分的萃取，天然香料植物中香精、色素的萃取，咖啡豆或茶叶中脱除咖啡因，烟草脱除尼古丁，醇类饮料的软化脱色、脱臭，以及奶脂脱胆固醇等方面的研究及应用都取得了显著的发展，其中一部分已经得到工业化应用。

2. 超临界流体萃取技术在医药工业中的应用

超临界流体萃取技术与传统的分离技术相比较，具有提取快、选择性强、无毒、无残留、有效成分破坏少等优点，已经成为一种理想的天然药物提取技术，因此在医药工业中的研究深受关注。其应用包括：从动植物中提取有效成分；在抗生素生产中原料药的浓缩、精制；在脂质混合物中分离脂肪酸、脑磷脂甘油等；草药有效成分的提取；植物中挥发性成分生物碱、木脂素、香豆素、醌类、黄酮类、皂苷类以及多糖类的提取等。

3. 超临界流体萃取技术在环境保护方面的应用

超临界流体萃取技术可以用于环境治理，例如去除土壤、废料等物质中的重金属污染，减少二次废物的生成。有研究成功利用超临界流体对土壤和海底沉淀物中的伐灭磷、对硫磷等七种有机磷农药进行了萃取，设计了相应的方法，并将此方法成功应用于实际土壤和海底沉积物中有机磷农药的测定。

二、超临界流体萃取技术的发展趋势

超临界流体萃取技术作为一种共性技术，正渗透到各个高新技术领域，被认为是一种"绿色、可持续发展技术"。我国超临界流体萃取技术的研究起步较晚，距今只有二十几年的时间，但发展相对迅速，在超临界条件下的萃取、沉析及精馏等方面做了大量基础研究，同时在萃取技术工艺、设备等方面也进行了多项开发。但与发达国家相比，我国还存在一定的差距，如相关理论和应用研究相对浅显，超临界萃取设备还完全依赖于进口，缺少超临界设备生产厂家等。

随着人们环保意识和可持续发展意识的增强，对各个产业要求的提高，超临界流体萃取技术作为一种安全、环保、可持续发展的技术，符合当前发展的趋势，未来拥有广阔的发展前景和市场。我国资源充足，相信超临界流体萃取技术将得到进一步的发展与应用。

第二节　超临界流体萃取技术在果蔬花卉加工方面的应用

一、大蒜的超临界流体萃取技术

1. 应用说明

大蒜化学成分的研究始于 20 世纪 40 年代，其主要成分为大蒜精油中的含硫化合物，如大蒜素、大蒜辣素等，提取分离方法多为水蒸气蒸馏法。而大蒜的有效成分热稳定性差，当提取温度高、受热时间长时，不稳定的挥发性成分易发生变化，其抑菌作用明显下降。而采用超临界 CO_2 流体萃取能够对大蒜有效成分进行高效的萃取与分离。

以下以大蒜为例，使用超临界 CO_2 流体萃取技术对大蒜有效成分进行萃取与分离。

2. 材料与设备

大蒜；HA121-32-24 型超临界流体萃取装置；HP5973 型 GC-MS 气相色谱-质谱联用仪。

3. 超临界 CO_2 流体萃取

① 将大蒜去皮、压碎，称取 15kg，置于超临界 CO_2 萃取釜的料筒内，进行萃取，液体二氧化碳经泵加注至萃取釜，在一定的温度与时间内 CO_2 作为溶剂对物料进行静态溶解。

② 当萃取釜压力升至（如表 9-1 所示）所设定的条件时，计算机开启萃取与分离之间的调节阀，进行动态萃取，调节阀做节流膨胀的过程，开始进行系统循环，并保持系统所设定的压力与温度，萃取时间为 4h。

③ 此时第 Ⅰ 解析釜析出水分与杂质，第 Ⅱ 解析釜析出大蒜的提取物，CO_2 循环至储罐。

④ 收集提取液，用分液漏斗收集大蒜萃取物大约 3000mL，并进行离心分离，再以 0.3μm 微孔滤膜滤渣，得到淡黄色油状液体，即完成萃取。

表 9-1　萃取条件及参数

项目	压力(p)/MPa	温度(t)/℃	流速(q_m)/(kg/h)
萃取釜	26～28	40	80
解析釜 Ⅰ	8.5～9.5	46	80
解析釜 Ⅱ	7～7.5	42	80

4. GC-MS 测定

GC 条件：选用 HP-1 的 30m×0.25 mm 弹性石英毛细管柱，初始柱温 100℃，以 10℃每分钟升至 240℃，运行 25 min，进样口温度 250℃，载气为氮气，柱前压 20 kPa。

MS 条件：EI 离子源，电子能量 70eV，扫描范围 29～400amu，离子源温度 230℃，接口温度 280℃，电子倍增电压 2400 V。

样品处理：取 200 mL 超临界萃取物，加入 100 mL 乙醚振荡提取，连续 3 次，合并提取液，加无水硫酸钠进行干燥，回收乙醚至 1 mL，进行 GC-MS 分析。

5. 结果

从超临界 CO_2 萃取物中共鉴定出 16 种大蒜的化学成分（如表 9-2 所示）。

表 9-2　超临界萃取大蒜的化学成分

序号	成分	分子式	相对含量/%	相似度/%
1	丁烯酸	$C_4H_6O_2$	1.57	95
2	己醛	$C_6H_{12}O$	0.95	93
3	二烯丙基一硫	$C_6H_{10}S$	0.99	97

序号	成分	分子式	相对含量/%	相似度/%
4	甲基烯丙基二硫	$C_4H_8S_2$	1.18	95
5	N,N'-二甲基硫脲	$C_3H_8N_2S$	1.96	89
6	二烯丙基二硫	$C_6H_{10}S_2$	9.29	98
7	甲基烯丙基三硫	$C_4H_8S_3$	2.07	94
8	3-乙烯基-1,2-二硫代环己-5-烯	$C_6H_8S_2$	4.61	97
9	2-乙烯基-1,3-二硫代环己-5-烯	$C_6H_8S_2$	15.49	95
10	5,6-二氢-2-羟甲基-3-甲基-1,4-二硫	$C_6H_{10}OS_2$	3.58	93
11	二烯丙基三硫	$C_6H_{10}S_3$	34.91	96
12	2-异丙基-1,3-二氧戊环	$C_6H_{12}O_2$	0.90	91
13	3-苯基-5-硫代-1,2,3-氧二氮杂茂	$C_8H_6N_2OS$	6.68	92
14	1,2,4,6-四硫环庚烷	$C_3H_6S_4$	2.35	92
15	氨基乙醛二甲基缩醛	$C_4H_{11}NO_2$	2.35	97
16	二烯丙基四硫	$C_6H_{10}S_4$	9.53	93

二、洋葱的超临界流体萃取技术

1. 应用说明

在新鲜洋葱中，洋葱油含量仅为鲜重的 0.04%～0.05%，日常饮食所摄入的洋葱量难以发挥出理想的生理功效，因此必须采取高效的提取手段提取、富集洋葱油。超临界流体萃取技术可以实现对洋葱油中易挥发组分较大程度的保留，这无疑是洋葱油提取较为理想的方法和具有潜力的方法。

以下以洋葱为例，使用超临界 CO_2 流体萃取技术对洋葱油进行萃取。

2. 材料与设备

冻干洋葱粉（含水量 6%，粒径 0.45～0.9mm），CO_2（纯度 99.9%）和无水乙醇（分析纯）；精密天平，HA121-32-24 型超临界流体萃取装置。

3. 超临界 CO_2 流体萃取

① 称取 100g 冻干洋葱粉填充于萃取釜中，然后设定萃取温度为 40℃ 进行加热。

② 气体二氧化碳经冷箱冷凝成液体，经高压调频柱塞泵加入至萃取釜，反复冲洗直至排尽釜内空气，与冻干洋葱粉接触进行静态溶解。

③ 当萃取釜压力升至预先设定的 20MPa，萃取温度升至 40℃，添加夹带剂无水乙醇 0.1mL/g，稳定所需的操作条件（分离釜 I 压力设置为 8MPa，温度

为 40℃；分离釜Ⅱ压力设置为 6MPa，温度为 35℃），开启萃取与分离等阀门，使二氧化碳气体进行系统循环流动萃取，萃取 4h。

④ 萃取结束后，从分离釜底部放出萃取物，得到洋葱油粗样。

三、花生油、玉米胚芽油等植物性油脂的萃取

1. 应用说明

传统的植物油生产一般采用压榨法和溶液浸出法，再经脱胶、脱酸、脱色、脱臭等一道道工序制成精油。利用传统方法不仅工序繁杂，油脂浪费率高，残存的有机溶剂更会影响油脂的风味和品质。采用超临界 CO_2 流体萃取技术提取植物油脂，不仅无需进一步精制，还能解决有机溶剂残留的问题，可得到色泽浅、风味浓郁、品质更优的油脂。

以下以生花生仁为例，使用超临界 CO_2 流体萃取技术对花生油进行萃取。

2. 材料与设备

生花生仁，CO_2（纯度＞99.50％）；HA221-50-06 型超临界 CO_2 萃取设备；HX-200A 型高速中药粉碎机。

3. 超临界 CO_2 流体萃取

① 挑选去壳、饱满完整、新鲜无杂质的生花生仁，用粉碎机粉碎备用，过筛。

② 取 50 目生花生粉填充于萃取釜中，旋紧萃取釜上盖，然后设定萃取温度为 40℃进行加热，气体二氧化碳经泵加入至萃取釜，反复冲洗直至排尽釜内空气，并与其中的花生仁充分接触，在一定的温度与时间内 CO_2 作为溶剂对物料进行静态溶解。

③ 当萃取釜压力升至预先设定的 25MPa 时，稳定所需的操作条件（分离釜Ⅰ压力设置为 11～12 MPa，温度为 40℃；分离釜Ⅱ压力设置为 5～6MPa，温度为 35℃），计算机开启萃取与分离之间的调节阀，进行动态萃取，调节阀做节流膨胀的过程，开始进行系统循环，萃取时间为 1h。

④ 萃取结束后，收集提取液，即得到色泽澄清、风味清香的花生油。

四、啤酒花有效成分的提取

1. 应用说明

啤酒花作为啤酒生产中重要的辅料，能增添啤酒中特有的苦味和香味。在啤酒酿造中应用啤酒花，主要利用啤酒花有效成分中的 α-酸和啤酒花精油，但这两种有效成分的性质非常不稳定，如果长时间存放，其含量会损失，可利用率大大降低，甚至使啤酒花失去利用价值。由于啤酒花产地一般较偏远，用于啤酒生

产将花费大量的运输费用。为解决种种弊端，提取啤酒花有效成分，提高其可利用率是十分必要的。

提取啤酒花有效成分，传统方法是采用有机溶剂进行萃取，但此种方法生产的产品质量较差，破坏了啤酒花的风味，并且会有残留的有机溶剂，对人体造成极大的危害。超临界 CO_2 流体萃取法则会克服这些问题，其操作简单，可提高有效成分的利用率，得到质量更高的产品。

以下以颗粒啤酒花为例，使用超临界 CO_2 流体萃取技术对其有效成分进行萃取。

2. 材料与设备

颗粒啤酒花，CO_2（纯度＞99.50%）；HA221-50-06 型超临界 CO_2 萃取设备。

3. 超临界 CO_2 流体萃取

① 将啤酒花用粉碎机粉碎，过筛，选取酒花粒度为直径 1mm 左右。

② 称取粉碎后的啤酒花颗粒填充于萃取釜中，然后设定萃取温度为 40℃，分离温度为 40～50℃，打开加热开关，然后对萃取釜、分离釜分别进行加热。

③ 当冷冻槽达 0℃时，开启 CO_2 钢瓶阀，气体经净化后进入冷箱液化，后经高压调频柱塞泵进入萃取器与物料接触，进行静态溶解。

④ 当萃取釜压力升至预先设定的 20～25MPa 时，稳定分离釜的压力（分离釜Ⅰ压力设置为 11～12 MPa；分离釜Ⅱ压力设置为 5～6MPa），计算机开启萃取与分离之间的调节阀，进行动态萃取，调节阀做节流膨胀的过程，开始进行系统循环，萃取时间为 3h。

⑤ 萃取结束后，关闭高压阀，将 CO_2 回灌于钢瓶中，经减压后取出萃取釜中的物料，收集提取液，得到淡黄色萃取物。

五、玫瑰花、茉莉花等天然香料的提取

1. 应用说明

我国是世界上香料植物资源最丰富的国家之一。我国热带、亚热带、温带和寒带气候的地区适合世界上绝大部分的香料植物生长，其中含精油的香料植物我国有 400 余种。目前，我国生产天然香料精油和浸膏的主要手段是水蒸气蒸馏和有机溶剂提取。传统方法除了会溶解色素和造成有机溶剂残留外，还会产生高温使香气的纯正性尤其是花香的香气纯正性受到影响。而超临界 CO_2 流体萃取技术可以保留产品中全部天然香气本香成分物质，香气天然感好，成品清澈干净，质量更高。

目前，应用此技术从天然植物中提取有效成分具有广泛的应用。例如萃取桂花浸膏、树兰花浸膏、茉莉浸膏、金银花浸膏等。以下以玫瑰花为例，使用超临

界 CO_2 流体萃取技术对玫瑰挥发油进行萃取。

2. 材料与设备

新鲜的玫瑰花瓣，CO_2（纯度＞99.50%）；HA221-50-06 型超临界 CO_2 萃取设备；VG-Quat-tro 气相色谱-质谱联用仪。

3. 超临界 CO_2 流体萃取

① 清洗玫瑰花瓣，剪成小块。

② 精确称取 3g 细碎玫瑰花瓣装入萃取釜内，旋紧萃取釜上盖，将萃取温度设定为 35℃，打开加热开关，然后对萃取釜、分离釜分别进行加热。

③ 当冷冻槽达 0℃时，开启 CO_2 钢瓶阀，气体经净化后进入冷箱液化，后经高压调频柱塞泵进入萃取器与物料接触，进行静态溶解。

④ 当萃取釜压力升至预先设定的 20MPa 时，稳定所需的操作条件（分离压力为 7MPa，分离温度为 40℃），计算机开启萃取与分离之间的调节阀，进行动态萃取，调节阀做节流膨胀的过程，开始进行系统循环。

⑤ 每半小时由分离釜Ⅰ和分离釜Ⅱ收集一次萃取物，至无萃取物为止。

⑥ 萃取结束后，关闭高压阀，将 CO_2 回灌于钢瓶中，经减压后取出萃取釜中的物料。

4. GC/MS 测定

GC 条件：DB_5 弹性石英毛细管柱（30m×0.25 mm）；进样口温度 275℃；升温程序：起始柱温 65℃，保持 5min，以 10℃/min 升温至 275℃，保持 30min；氦气流速为 40 mL /min。

MS 条件：EI 源；电子能量 70 eV；界面温度 250℃；质量扫描范围 m/z30～350amu；进样量 0.5μL。

5. 结果

得到的挥发油通过 GC/MS 分析并与标准谱库进行对照检索，得出冷香玫瑰中含有 76 种挥发油成分，相似度在 65% 以上的有 29 种。

第十章　果蔬花卉产品的超高压技术与应用

Chapter 10

第一节　超高压技术的概述

超高压技术（ultra high pressure processing，UHP）又称为高静压技术（high hydrostatic pressure processing，HHP），其在密闭容器中以水作为传压介质，将 100～1 000 MPa 的静态液体压力施加于食品、生物制品等物料上并保持一定的时间，起到杀菌、灭酶等功能性作用。食品超高压技术是一种物理加工保鲜方法。

迄今为止，造成食品损耗的最主要原因仍然是微生物的为害，细菌性食物中毒发生起数和人数在整个食物中毒案例中也占第一位。因此，控制食品中的微生物是控制食品质量和保护人体健康的重要保障。食品超高压杀菌技术具有可以保持食品原有风味和营养的优点，还可以促进人体对食品营养物质的吸收，其灭酶均匀，杀菌效果稳定，因此是一种值得深入研究的技术。此外，超高压技术在食品冷冻、解冻和物质提取等方面也有应用，而且相对于传统方法有诸多优势。

一、超高压技术的基本原理

超高压技术利用 100 MPa 以上的压力，在常温或较低温度条件下，使食品中的酶、蛋白质及淀粉等生物大分子改变活性、变性或糊化，同时杀死细菌等微生物。超高压技术的实现方式是以水或其他液体介质为传递压力的媒介物，将进行真空密封包装的被加工食品放入其中，在一定温度下对其进行加压处理。超高压可以杀菌以及抑制酶活性，因而可以用作食品杀菌保藏；超高压状态下水的冰点会降低，并且压力施加均匀，因此可以利用这个原理均匀地快速冰冻食品或者解冻冷冻的食品；超高压可以破坏细胞膜结构，加速细胞内物质外流，因此可以用来辅助提取某些物质。

二、超高压技术的作用特点

超高压杀菌技术同加热杀菌一样，经 100MPa 以上超高压处理后的食品，其中大部分或全部的微生物可被杀死，酶活性可被钝化，从而可达到保藏食品的目的。它是一个物理过程，在食品加工过程中主要是利用勒夏特列原理（Le Chatelier principl）和帕斯卡定律（Pascal's low）。

根据帕斯卡定律，在食品杀菌过程中液体可以瞬间均匀地传递到整个食品，与食品的几何尺寸、性状、体积等无关，食物受压均一，压力传递速度快，而且不存在压力梯度，使得杀菌过程较为简单，能耗也明显降低。

具有以下特点：

① 具有冷杀菌作用。超高压应用现以杀菌为主，微生物受到高压时，其细胞蛋白质变性，导致细胞完全失活，而整个过程温度几乎没有升高。

② 保持食品营养价值。由于形成蛋白质一级结构氨基酸是以共价键结合的，食物中维生素等低分子化合物也是以共价键结合，所以，超高压加工技术能更好地保持食品物料的营养价值。

③ 形成食品特有色泽和风味。超高压处理过程是一个纯物理过程，它对食品中风味物质、色素等各种小分子物质天然结构及水解物质均无影响，加压可达到杀菌目的，又能保持物料原有新鲜风味。

④ 延长食品保质期。经过超高压处理食品杀菌效果良好，便于长期保存。

⑤ 改善生物多聚体结构，调节食品质构。食品经过超高压处理后，其蛋白质变性，脂肪凝固并破坏生物膜，还能改变蛋白质和肌肉组织结构，影响淀粉糊化。

⑥ 简化食品加工工艺，节约能源。超高压能瞬间以同样大小向各个方向传递，瞬间传递到食品中心。

⑦ 加工原料利用率高，无"三废"污染。超高压食品加工过程是一个纯物理过程，瞬间加压，作用均匀，操作安全，耗能低。

三、超高压技术的前景与展望

超高压技术应用于食品加工、杀菌、保鲜及改善风味等有着其独特的作用，可以预测，随着人们对绿色食品的呼声和检验要求日益提高，超高压食品必将引起市场和消费者更多的青睐。超高压技术将在以下几个方面首先获得应用。

1. 果酱、果汁及饮料

首先获得上市的超高压食品是果酱，由于果酱、果汁及饮料，均属以水为主的生物体系，能够接受超高压的完全作用，达到杀菌、保鲜的目的，因而，首先在这方面获得突破也是顺理成章的事。因此，我国可以在借鉴国外经验的基础上，结合本地水果资源优势，把超高压技术应用于大宗水果加工中。

2. 鱼制品、肉制品

超高压技术在鱼制品、肉制品加工、杀菌、保鲜中的应用在国际上已有许多研究和突破，特别在不适用加热法制造鱼制品（如鱼丸、鱼糕、鱼调味品等）或肉制品（如肉丸、香肠等）加工中，既可杀菌保鲜、延长货架期，又可保持生鲜原味，丰富营养。

3. 中药制品、滋补品

中国是中药生产、应用的大国，也是保健品市场开发、利用的大国。汤药、滋补品的有效成分或活性成分提取和释放多采用热加工，热加工易对热敏感的药用或功能成分（诸如维生素、黄酮、胡萝卜素等）造成破坏。采用超高压技术制取中药汤药、制剂或滋补品，有可能在促进有效成分的释放以及保存原有活性成分方面达到最大限度的发挥，可提高中药或滋补品的利用率，改写中药制剂、滋补品的传统历史。

第二节　超高压食品处理工艺及应用

一、超高压食品处理工艺

不同的物料其加工工艺有很大的区别，然而任何一种原料在日常环境下自身都带有很多微生物，有些在加工的过程中会经过不断的提取分离等工艺而被杀灭，而有些（例如耐热、厌氧的细菌）比较难以去除，为此后的生产留下安全隐患。随着科学技术的高速发展，越来越多的新技术被运用于食品加工产业，杀菌技术也是如此，超高压灭菌，作用均匀、瞬时高效、操作安全，处理过程不发生化学变化，有助于生态环境的保护。

根据物料所呈状态不同，超高压处理工艺也有所区别。固态食品和液态食品的处理工艺不同。固态食品如肉、禽、鱼、水果等需装在耐压、无毒、柔韧并能传递压力的软包装中，进行真空密封包装，以避免压力介质混入，然后置于超高压容器中，进行加压处理。处理工艺是升压→保压→卸压3个过程，通常进料、卸料为不连续方式。液态食品如果汁、奶、饮料、酒等，可像固态食品一样用容器由压力介质从外围加压处理，也可以直接以被加工食品取代水作为压力介质，但密封性要求严格，处理工艺为升压→动态保压→卸压3个过程，用第二种方法可以进行连续式生产。

通常超高压技术可概括为以下步骤：

原料→预处理→充填密封→桶集装/预贮藏→超高压处理→冷压干燥→包装→成品

二、超高压食品处理应用

目前，国外超高压灭菌已在果蔬、酸奶、果酱、乳制品、水产品、蛋制品等生产中有了一定的应用。在 $1cm^2$ 的肉食上施加大约 6t 重的压力进行高压灭菌。结果，其味道跟原来一样，色泽比原先更好看。高压技术和其他技术相结合，能更有效杀灭微生物，破坏酶，延长货架寿命。利用高压 CO_2 和超高压技术相结合方法处理胡萝卜汁，即使用 4.9MPa CO_2 和 300MPa 高静水压结合处理，可使需氧菌完全失活，多酚氧化酶、脂肪氧化酶、果胶酯酶残留活性分别低于 11.3%、8.3%、35.1%。

第三节　超高压杀菌设备

超高压杀菌设备通过由液压推动的超高压倍增器（超高压泵）将水或油以超高压的形态打入密闭的容器内。

工业化推广的超高压灭菌设备压力是 100～600MPa，超高压容器介质为水，部分实验型的可以达到 1000MPa 或更高，高压腔工作介质是油，下面以冷等静压为例进行说明。冷等静压成型有湿袋法和干袋法两种，相应地冷等静压机的结构也有所不同。

1. 湿袋法冷等静压

将粉末装入塑性袋，直接打入液体压力介质，和液体相接触，因此称湿袋法。这种方法可任意改变塑性包套的形状和尺寸，制品灵活性很大，适用于小规模生产。每次都要进行装袋、卸袋操作，生产效率不高，不能连续进行大规模生产。

2. 干袋法冷等静压

橡皮袋首先放在缸内，工作时不取出，粉末装入另外的成型塑性袋后，放进加压橡皮袋内，与液体不接触，因此称为干袋法。这种方法可连续操作，即把上盖打开，从料斗装料，然后盖好上盖加压成型。出料时，把上盖打开，通过底部的顶棒把压坯从上边顶出去。操作周期短，适用于成批生产，但产品规格受限制，因为加压塑性模不能经常更换。

3. 超高压容器

超高压容器是冷等静压技术的主要设备，是压制粉末或其他物品的工作室，必须要有足够的强度和可靠的密封性。容器缸体的结构，常采用螺纹式结构和框架式结构。

（1）螺纹式结构　缸体是一个上边开口的坩埚状圆筒筒体，为了安全可靠，在外面常装加固钢箍（热套和钢筒），形成双层缸体结构。缸筒的上口用带螺纹的塞头连接和密封。这种结构制造起来较简单，但螺纹易损坏，安全可靠性较差，工作效率较低。为了操作方便，有的设计成开口螺纹结构，塞头装入后，旋转45°，上端另有液压压紧装置。

（2）框架式结构　缸体为一个圆筒，用高强度钢制成，或用高强度钢丝带绕制，筒体内的上、下塞是活动的，无螺纹连接。缸体的轴向力靠框架来承受。这样，避免了螺纹结构的应力集中，工作起来安全可靠。对于缸体直径大、压力高的情况，更具有优越性，但投资较高。

（3）超高压泵及液压系统　向容器内注入高压液体，是通过高压泵以及相应的管道、阀门来实现的。高压泵有柱塞高压泵（一般由电机皮带轮带动曲轴推动柱塞做往复运动）、超高压倍增器（由大面积活塞缸推动小面积柱塞高压缸做往复式运动）等。

（4）辅助设备　为了使冷等静压机高效率地工作，必须配备辅助设备。自动冷等静压机的辅助设备主要有开、闭缸盖移动框架，模具装卸装置，粉末充填振动装置，压坯脱模装置，压力测量装置和操作系统等。

第四节　超高压技术在果品加工方面的应用

一、苹果的超高压技术的应用

1. 应用说明

果汁是用新鲜或冷藏水果，经过榨取等加工程序制作的产品。果汁饮料里含有很多水，饮用后可补充身体因运动和进行生命活动所消耗掉的水分和一部分糖。100％苹果汁不但含有丰富的维生素和营养物质，而且含有的多酚类化合物，可通过降低低密度脂蛋白和胆固醇含量，预防心脏疾病的发生。

2. 材料与设备

富士苹果；离心式榨汁机，电热鼓风干燥箱，手持糖度计，磁力搅拌器，高压蒸汽灭菌锅，电热恒温水浴锅，超高压设备等。

3. 工艺流程

原料选择→清洗→破碎→压榨→粗滤→澄清→过滤→澄清型果汁→装袋
　　　　　　　　　　　　　　成品←超高压灭菌←┘

4. 操作要点

（1）原料选择　选择成熟适中、新鲜完好的苹果为原料，剔除腐烂变质的果实。

（2）清洗　挑选出来的苹果放在流水下冲洗干净。

(3) 破碎　破碎苹果应符合所采用的榨汁工艺要求，破碎要适度，尽量使苹果块大小一致且均匀，避免苹果块过大或过小。破碎时果块大小在 3～4cm 见方左右。

(4) 压榨　此工序是获取原汁的主要方法。本实验采用离心式榨汁机，压榨过程中果汁和果渣分离。果渣还可以二次压榨，以提高出汁率。

(5) 粗滤　用 100 目滤布进行粗滤，去除苹果小颗粒及压榨过程中出现的大量泡沫。

(6) 澄清　苹果汁的澄清工艺十分重要，处理不当，在成品中很容易出现浑浊和沉淀。苹果汁在淀粉酶和果胶酶的作用下，将淀粉和果胶分解成可溶性的小分子物质。淀粉酶添加量为 20mg/kg，果胶酶添加量为 20mg/kg，酶解温度和时间分别是 55℃和 2h。

(7) 过滤　澄清后的果汁用滤纸进行过滤，除去苹果汁中的固体粒子，固体粒子包括果肉微粒、澄清过程中出现的沉淀物及其他杂物，最后得到澄清型苹果汁。

(8) 超高压处理　将制备好的澄清苹果汁分装于铝箔袋中，用真空包装机真空封口，然后放入超高压设备的腔体内，以水为传压介质，设定压力和保压时间后，启动自动处理。待处理完成后，出料保存。

二、草莓的超高压技术的应用

1. 应用说明

草莓果实具有收获季节性强、时间短，且不耐贮存和运输的缺点，给鲜销草莓带来很大困难，所以目前主要采用榨汁并经高温杀菌的方式予以解决，但草莓属热敏性水果，高温杀菌后往往会减弱其香气浓度，并伴随异味的产生，将严重影响产品的可接受程度。超高压技术在低温下进行，不仅可起到杀菌并延长保鲜期的目的，而且其原有营养成分和色泽也可得以较好保留，还可避免加工过程中的香气损失，且能激活某些酶的活性，使果汁的某些潜在香味成分得以释放。

2. 材料与设备

充分成熟的新鲜草莓；超高压处理器，恒温水浴锅，高压灭菌锅，均质机，真空泵，搅拌器，高速冷冻离心机。

3. 工艺流程

原料→去萼→清洗→打浆→酶解→灭酶→高速离心榨汁(5min)→抽滤

贮藏(3～4℃)←超高压灭菌或热杀菌处理←真空封口←灌装(聚乙烯塑料袋)←┘

4. 操作要点

(1) 草莓汁的制备　选择充分成熟、形态良好、无损伤、无病虫害的草莓鲜果，去除花萼，清洗干净并打浆，之后加果胶裂解酶，放于 50℃环境处理 3h（加酶量 0.1%），酶解结束进行灭酶（85℃，5min），然后进行精细榨汁，并将进一步榨汁后的物料在高速离心机中离心 5min。

（2）超高压灭菌　将制作好的草莓汁用均质机混合均匀，然后装袋，用真空封口机封口，然后置于高压容器内，密闭，在考虑经济效益的同时，设置参数 400MPa 协同 30℃保压处理 20min，此时的灭菌效果较为理想。

（3）贮藏　于 3～4℃、避光的条件下进行保存。

5. 特别说明

草莓浆含有香气成分 34 种，经超高压处理后香气成分种类增加，以 300MPa 和 400MPa 处理后增加的种类最多，达到 51 种。超高压处理时，压强超过 500MPa 时，容易引起非酶褐变。

三、核桃花的超高压技术的应用

1. 应用说明

核桃雄花序也称核桃花，在核桃授完粉后可以采摘食用，其营养丰富全面，且具有一定的保健功能。有研究证实，核桃雄花序中含蛋白质 18.78%，干花蛋白质含量可达 21%，比核桃仁中蛋白质含量还要高，还含有丰富的微量元素，是一种潜在的待开发的绿色食品和保健食品，若对其进行超高压加工，可以较好地保存核桃花的营养成分、风味及色泽。

2. 材料与设备

鲜核桃花；离心机，真空干燥机，电热恒温鼓风干燥箱，高压蒸汽灭菌锅。

3. 工艺流程

采收→整理→清洗→烫漂→护色→迅速冷却→真空包装→超高压灭菌

4. 操作要点

选取新鲜、无损伤、无病虫害、色泽均一的核桃雄花序，清洗后沥干。在温度为 90℃，pH 值为 5.5 的情况下，烫漂 60s，并在 $350\mu g/mL\ Zn^{2+}$、$400\mu g/mL$ 柠檬酸的护绿液中，于 50℃下浸泡 30min 护色。用流动的清水洗去护色液，沥干水分，并于无菌条件下，称取一定量的核桃雄花序，于真空包装袋中真空包装，备用。

超高压杀菌：设置压力为 450MPa，温度为 45℃，处理 30min 进行消毒杀菌。

第五节　超高压技术在蔬菜加工方面的应用

一、番茄的超高压技术的应用

1. 应用说明

番茄因其色泽鲜艳、酸甜适度、富含番茄红素和维生素 C，是制作优质果蔬汁的重要原料之一。番茄汁饮料营养价值丰富，色泽鲜艳，风味自然，功能性也很强。市售番茄汁多采用超高温瞬时杀菌，由于此工艺加热温度高、传热不易均匀等，对果汁的营养和感官品质造成了一定程度的负面影响。

2. 材料与设备

新鲜番茄；超高压设备，高速冷冻离心机，真空泵，真空包装机，恒温水浴锅，榨汁机，灭菌锅等。

3. 工艺流程

新鲜番茄→清洗→去梗、去皮、去心→打浆→均质→调配→脱气→包装→高压灭菌→冷藏

4. 操作要点

(1) 预处理　选取成熟完整的番茄鲜果，去除烂果、软果。用清水洗去杂质，然后去除果梗，然后置于沸腾的水中浸泡20～25s，捞出后迅速去皮，冷却至室温，然后用切菜机切成1cm见方的小块，同时去除果心。用榨汁机将切块后的番茄打浆，此阶段应迅速，避免长时间暴露造成番茄汁过度氧化。

(2) 调配　白砂糖的加入量直接影响番茄汁口感。白砂糖可增加样品的可溶性固形物含量，进而提高番茄汁的糖酸比，以获得最佳番茄汁口感。加糖前应注意番茄汁分层状况，可适当舍去下层清汁。建议调节最佳番茄汁糖酸比为11∶1。为避免番茄汁成分发生变化，需对其进行脱气处理，即在真空度−0.1MPa条件下脱气20min。将脱气完成后的番茄汁装入透明的瓶中，备用。

(3) 超高压处理　取压力为400MPa、保压时间为15min、协同温度20℃，进行番茄汁的灭菌。上述步骤完成后，将番茄汁放入4℃冰箱进行冷藏。

二、胡萝卜的超高压技术的应用

1. 应用说明

将新鲜胡萝卜研碎压榨挤汁而成的胡萝卜汁，营养丰富，具有明目、美容、降血糖、降血压、抗肺癌等多种功效。然而在其果汁的加工过程中，通常使用加热法灭微生物或者钝化果汁中的酶类，但是加热处理有自身不可避免的缺点。经过加热处理一般会引起食品营养的损失、口味的变差等。此处将使用超高压技术处理胡萝卜汁，来保证胡萝卜汁的原有口感及风味。

2. 材料与设备

胡萝卜；组织捣碎机，均质机，高压设备，离心机，切片机，电热恒温水浴锅，榨汁机等。

3. 工艺流程

原料→清洗→去皮→切片→酶解→打浆→粗滤→调配→均质→脱气
高压灭菌←装罐封口←┘

4. 操作要点

选择成熟适度而未木质化、表皮及根肉呈鲜红色或橙红色的品种，要求肉质新鲜肥大，皮薄肉厚，中柱小，纤维少，组织紧密而脆嫩，无病虫害，农药残留量不得超过国家食品卫生标准。然后清洗，去皮及根须，利用切片机将其均匀切成 2cm 左右的薄片。将胡萝卜薄片放入 0.2% 的柠檬酸溶液中，于 95℃ 热烫 5min 以使 PPO 酶完全失活，放入冷水中冷却，沥干水分。按 1∶2.5（体积比）比例加水打浆，要求筛孔孔径为 0.5mm，打浆后进行粗过滤。调节可溶性固形物和 pH 值分别至 10.0°Brix 和 3.7，将调配后的胡萝卜汁先通过胶体磨，再经 20MPa 均质机均质 5min。均质、脱气后将胡萝卜汁立即灌装到 PET 瓶中，封口，备用。

将灌装好的胡萝卜汁置于超高压设备的容器中，于室温下处理样品，采用压力 600MPa/10min 超高压处理。

三、莴笋的超高压技术的应用

1. 应用说明

莴笋（*Lactuca sativa*）又称莴苣，味道清新且略带苦味，可刺激消化酶分泌，增进食欲。其乳状浆液，可增强胃液、消化腺的分泌和胆汁的分泌，从而可促进各消化器官的功能，对消化功能减弱、消化道中酸性降低和便秘的患者尤其有利。

2. 材料与设备

新鲜莴笋；高压处理装置，真空包装机，恒温水浴锅，切片机，真空泵，灭菌锅等。

3. 工艺流程

新鲜莴笋→去皮→清洗→切片→酶解→护色、保脆→装袋→真空封口→超高压处理
25℃ 贮藏←成品←┘

4. 操作要点

选取成熟度相同、大小一致、无病虫害的新鲜莴笋，去掉叶子和老皮，用自来水清洗后，选取茎秆中间部位切成 1cm 厚的小圆片，将切好的莴笋片置于沸水浴中（保持中心温度不低于 85℃）处理 2min，以钝化莴笋中的耐热酶，然后迅速取出用自来水冲洗冷却到室温。用 0.02% 的乙酸铜、0.3% 的海藻酸钠和 0.2% 的氯化钙进行护色及保脆，处理完成后进行真空包装。包装好的产品转移进灭菌锅中，于 100MPa 下处理 5min，在此条件下，产品的脆性和硬度均有所提高，样品中大肠杆菌和金黄色葡萄球菌可以被全部杀死。

第十一章　果蔬花卉产品的微波加热与杀菌技术

Chapter 11

　　微波是指波长 1mm～1m，频率 $3.0 \times 10^2 MHz～3.0 \times 10^5 MHz$ 的电磁波，是一种能量形式，在介质中可以转化为热量。微波与物料直接作用，将高频电磁波转化为热能的过程即为微波加热。微波加热速度快、均匀性好、易于控制、效率高。

　　传统巴氏杀菌和高温瞬时杀菌，由于杀菌方法的局限，容易造成食品中营养成分以及感官品质的劣化。而利用微波技术对食品进行杀菌的研究中，发现不仅可有效抑制并杀灭食品中的微生物，钝化酶，并可有效延长产品的货架期。微波技术在杀菌过程中，可更好地保持食品的品质。微波杀菌缩短了加热时间，效率高，有效节约了能源，应用在工业中易控制，操作简便，能对包装食品进行杀菌，还可防止加工过程中的多次污染。因此，将微波装置制成脉冲微波杀菌体系以及隧道连续式微波杀菌体系，有利于产品质量的控制，以及实现生产过程的自动化，适合标准化食品的生产，具有很多优势。

　　将微波干燥与真空干燥相结合用于果蔬脱水，可以保持产品原有的色、香、味；与预处理工艺结合在一起，微波干燥被认为是一种效率较高的干燥工艺，可得到较高质量的脱水果蔬产品。

第一节　微波加热技术的概述

　　微波又称超高频电磁波，微波整体范围介于红外线与超短波之间，根据微波波长范围的不同，可将微波分为分米波、厘米波、毫米波以及亚毫米波。

　　微波技术最早产生于军事通信行业。在第二次世界大战期间，军事学家将微波应用于雷达的研制，主要应用微波技术进行通信、广播、电视的信号传输。美国工程师在调整雷达时，经常发现苍蝇或昆虫干瘪地死在空心螺线管中，同时装在口袋里的巧克力会熔化，他们总结出这是微波导致的，后经试验尝试，发明了微波制作爆米花的装置，这是微波功率设备在食品工业中应用的雏形。第二次世界大战后，微波技术的研究不断深入，到 20 世纪 60 年代后期，微波技术开始在食品加热、烘干和杀菌等领域应用。目前，微波技术应用的相关研究在多学科领域受到高度重视，其应用范围越来越广。

一、微波加热技术的加热特性

1. 微波加热技术的即时性

由于微波加热是将电磁能转化为热能，故为内部加热，不需要热传递过程，且内外同时加热，效果均匀，瞬时即可达到高温，方便省时。

微波加热的即时性给微波加热带来如下特点：

① 对物料加热无惰性，即只要有微波辐照，物料即刻得到加热；反之，物料得不到微波能量而停止加热。这种使物料能瞬时得到或失去加热动力（能量）来源的性能，符合工业连续自动化生产加热要求。

② 加热过程中无需对热介质、设备等做预加热，从而避免了预加热额外能耗。

2. 微波加热过程的选择性

物质吸收微波的能力，主要由其介质损耗因数来决定。介质损耗因数大的物质对微波的吸收能力就强，相反，介质损耗因数小的物质吸收微波的能力也弱。由于各物质的损耗因数存在差异，微波加热就表现出选择性加热的特点。物质不同，产生的热效果也不同。水分子属极性分子，介电常数较大，其介质损耗因数也很大，对微波具有强吸收能力。而蛋白质、碳水化合物等的介电常数相对较小，其对微波的吸收能力比水小得多。因此，对于食品来说，含水量的多少对微波加热效果影响很大。

3. 微波加热的穿透性

微波比其他用于辐照加热的电磁波，如红外线、远红外线等波长更长，因此具有更好的穿透性。微波透入介质时，由于介质损耗引起的介质温度的升高，使介质材料内部、外部几乎同时加热升温，形成体热源状态，大大缩短了常规加热中的热传导时间，且在条件为介质损耗因数与介质温度呈负相关关系时，物料内外加热均匀一致。

二、微波加热技术的工作原理及特点

1. 微波加热技术的工作原理

微波加热时会产生一种交替变化的外加电场，材料中的分子在电场作用下被电离极化，具有了正负性，并随着电场交替变化，发生高频振荡，从而产生热量。被加热介质物料中的水分子是极性分子，它在快速变化的高频电磁场作用下，其极性取向将随着外电场的变化而变化，造成分子的运动和相互摩擦效应。此时微波场的场能转化为介质内的热能，使物料温度升高，产生热化和膨化等一系列物化过程而达到微波加热的目的。与常规加热相比，微波加热是在物料内部经能量耗散直接加热，能克服物料的"冷中心"，不需要由表及里的热传导，可实现快速加热。

微波杀菌机理有热效应和非热效应两种：一方面，生物体接受微波辐照后，微波的能量会转换成热，产生热效应；另一方面，生物体与微波作用会产生复杂的生物效应，即非热效应。

（1）热效应　食品介质内部水、蛋白质、脂肪及碳水化合物等分子都具有较好的介电性质，尤其是水的介电常数很大，利用微波加热，介质温度升高后，内部的蛋白质和生理活性物质发生变异或破坏，生物体生长发育异常，直至死亡。另外，微生物体内的水分子、蛋白质、核酸等也是极性分子，也会在微波的作用下变性，从而达到杀菌效果。

（2）非热效应　微波非热效应指生物体内部不产生明显的升温，却可以产生强烈的生物效应，使生物体内发生各种生理、生化和功能的变化（如细胞膜发生机械损伤或者产生功能障碍，细胞壁破碎引起内容物流失，遗传物质发生变异，蛋白质等大分子生化结构发生变化等），由此导致微生物死亡，达到杀菌目的。

2. 微波加热技术的特点

（1）时间短、速度快　微波通过其透射性，使食品内外同时均匀、迅速升温，使处理时间大大缩短。微波杀菌在强功率的密度条件下，达到满意的杀菌效果只要几秒至数十秒。

（2）保持食品的营养成分及风味　常规热杀菌处理时间长，食品中的营养成分处于高温作用下的时间长，损失多且品质下降程度大。微波加热升温迅速，在短时间内即可达到杀菌要求，一般食品温度达到 80℃ 左右即可，不仅能有效杀灭微生物，还可保留更多的营养物质和食品原有的风味。

（3）选择性加热　微波加热所产生的热量和被加热物的损耗因数有着密切关系。各种介质的介电常数在 $0.0001\sim0.5$ 的范围内，所以各种物体吸收微波的能力有很大的差异。一般来说，介电常数大的介质很容易用微波加热，介电常数太小的介质就很难用微波加热。

（4）安全无害、高效节能　常规热力杀菌方式需要通过传热介质，才能把热量传至食品，会造成热量的损失；而微波加热时，食品直接吸收微波能而产生热量，设备本身不吸收或只吸收极少的能量，故可节约较多的能量，节约的电能在 $30\%\sim50\%$ 左右。微波加热不产生烟尘、有害气体等，既不会污染食品，也不可能污染环境。通常微波能是在金属制成的封闭加热室内或波导管中工作的，能量泄漏极小，大大低于国家标准，安全可靠。

（5）易于控制、反应灵敏　常规的加热方法，如蒸汽加热、电加热、红外加热等，要达到一定的温度，需要一定的时间，在发生故障或停止加热时，温度的下降又要较长时间。而微波加热过程只需调整微波输出功率，物料的加热情况就会发生急剧的变化。微波加热便于连续生产，可实现自动化控制，改善劳动条件，提高劳动效率，节省投资等。

第二节　微波加热技术的发展趋势和应用前景

鉴于微波加热及灭菌技术具有其他传统加热方式所无法超越的优势，所以，不容置疑的是微波技术在此后将会被越来越多地运用到食品加工过程中。

一、微波加热技术的发展趋势

（1）微波技术的智能化发展趋势　将现代的微电脑控制技术和传感器感测技术整合到微波设备中，可实现微波设备的自动化控制和智能化控制，大大提高微波设备适应性，简化微波设备的使用操作。国外已出现微波设备的条形码识别技术。微波设备的读码器可自动识别条形码，并存储相应的程序，再次放入同类物品后可自动控制。更先进的微波设备可实现网络远程控制，甚至可自动下载相应的操作程序，实现无人操作。

（2）微波技术的多功能趋势　单一功能的微波设备已不符合现代人们的需求。目前已有厂家将电烤箱的烧烤功能元件加入微波炉中，制造出了微波烧烤组合微波炉。

（3）微波技术的节能趋势　微波设备消耗的功率较大，环保和节能是今后微波技术发展的重要趋势。将变频技术应用到微波设备中，把普通生活用电的频率（50Hz）根据需要转换成 20000～45000Hz 的高频电源，然后再供给微波产生元件，这样可显著节能。

（4）微波技术的简便化趋势　简化操作程序，实现一键式操作是当今食品加工设备的发展趋势。目前，某公司推出一种采用"液晶触摸式控制面板"的一键控制式微波加热设备，直接点击控制面板上的图形或文字键，设备即可开始工作。该设备使微波的操作控制变得更加容易，这样的易控设备是当今微波设备发展的必然趋势。

（5）微波设备及技术的健康化趋势　现代人对健康的意识越来越强，对食品中热量的控制越来越重视。微波设备的发展和微波加工技术的革新，使之能够制作出低热量的食品。

（6）微波技术与其他技术协同发展　未来将会有更多的微波复合技术问世，

这会使微波和其他技术相互取长补短，发挥组合使用的优势，改变传统的果蔬及其他食品的加工处理方式。

二、微波加热技术的应用前景

随着对微波应用技术的开发和深入研究，微波产热的快速方便性及容易控制的优势会得到更多人的认可，加之机械设备的快速更新，先进的电子数控、传感技术的应用，会使微波技术逐步完善，发挥微波和其他技术的协同作用，使微波技术向广阔的应用领域发展。微波技术的理论创新会不断深入，微波设备在不断完善自身功能的同时，也会不断地向自动化、方便化、节能化方向发展。总之，微波技术的应用前景会越来越广。

第三节　微波加热技术在蔬菜加工方面的应用

一、马铃薯的微波加热技术

1. 材料与设备

马铃薯；热风干燥箱，快速黏度分析仪，超声微波组合反应工作站，真空冷冻干燥机，磁力搅拌器等。

2. 工艺流程

马铃薯→挑选→清洗→去皮→切分→打浆→自然沉降→冷冻干燥→粉碎→装盘
　　　　　　　　　　　　　过筛←冷却←微波干燥←┘

3. 操作要点

（1）马铃薯粉的制备　选取无糙皮、伤疤、病斑和机械损伤的马铃薯，剔除发芽、变绿的薯块，用流动的清水冲洗浸泡，去除尘土及杂质，去皮切分，然后进行打浆。经自然沉降，弃去上清液，将沉淀冷冻干燥，间歇粉碎30s，粉末置于干燥器中备用。

（2）微波干燥　取上述干燥粉末，以合适的厚度平铺于托盘中，置于微波炉内，采取前期500W，后期100W的加热方式，干燥至样品水分含量降到8%以下，取出置于干燥皿内冷却至常温，过60目筛网备用（干燥过程中应翻搅2～3次，以使样品受热均匀，产品干燥程度一致）。

4. 特别说明

对于生产出来的马铃薯全粉，可以从色泽、香气、口味、黏性、弹性、凝聚性、颗粒感、吸水、吸油等方面进行综合评价。不同干燥方式下，马铃薯全粉的品质存在较大差异，综合评价其品质后可以得出：制备马铃薯全粉时，无论在色泽、口味方面还是吸水吸油方面，微波干燥技术都明显优于普通的热风干燥技术。

二、大蒜的微波加热技术

1. 应用说明

在完整的大蒜中没有大蒜素，只有大蒜素的前体物质蒜氨酸和蒜氨酸酶，这两种物质在自然状态下独立存在于大蒜鳞茎中，当大蒜在外力作用下破损时，蒜氨酸和蒜氨酸酶开始接触，充分发生酶促反应，形成有挥发性的大蒜素。

采用热处理钝化蒜酶是脱除大蒜臭味的一种常用方法，这种方法脱臭的大蒜不仅组织遭到严重的破坏，而且对大蒜的色、香、味破坏较大，难以深加工。而微波加热脱臭法可以保持大蒜的质地，而且其维生素 C 和可溶性糖等营养成分的损失最小。

2. 材料与设备

紫皮大蒜；切片机，电热恒温鼓风干燥箱，箱式微波炉等。

3. 工艺流程

大蒜→挑选→剥皮→清洗→浸泡→清洗→切片→装盘→微波加热→冷却

4. 操作要点

购买市售的紫皮大蒜，选择无霉烂、未生芽的新鲜大蒜。分瓣去蒂、剥皮，去内衣，并用清水冲洗 2～3 遍，去除泥土及杂质，沥干水分备用。取一定量的新鲜大蒜，置于 pH 值 4.0 的柠檬酸溶液中浸泡 2h，取出用流动的清水冲洗掉浸渍液，切成 1～3mm 左右的薄片，然后将大蒜平铺于微波炉专用托盘中，放入微波炉内，在设定的工艺参数下，于 60～65℃处理 120s，迅速取出用冰浴冷却。

5. 特别说明

大蒜素具有一定的抗癌功效，但是在微波炉加热情况下，易破坏大蒜素结构，使其失去应有的功效，通常将温度设置在 60～65℃的范围即可避免这一现象。

三、辣椒的微波加热技术

1. 应用说明

辣椒粉因传热性差，用常规加热方法，生产加工过程中难以杀灭害虫虫卵和微生物，容易造成微生物超标，很难达到卫生指标。同时因为辣椒粉中含有较多的水分，水对微波的吸收能力很强，所以用微波加热法处理辣椒粉具有一定的优势。

2. 材料与设备

辣椒；电热恒温鼓风干燥箱，组织粉碎机，箱式微波炉等。

3. 工艺流程

新鲜辣椒→挑选→清洗→除杂→烘干→粉碎→过筛→装盘→微波加热

4. 操作要点

（1）原料选择　选择颜色正常、未发生霉变的新鲜辣椒。

（2）清洗　用清水洗净辣椒表面污物，除去辣椒蒂、辣椒叶等非食用部分，然后沥干水分。

（3）烘干　设置烘箱温度为50～60℃进行恒温干燥，干燥过程中每隔一段时间用水分测定仪测量物料中心的水分，当水分含量≤15％时，干燥过程结束。然后用粉碎机将干燥的辣椒粉碎，使之能通过40目筛，过筛后的辣椒粉备用。

（4）微波加热　将过筛后的辣椒粉平铺于微波专用托盘上，厚度在15mm左右，设置功率510W，杀菌时间120s。

第四节　微波加热技术在果品加工方面的应用

近年来，微波技术的发展，为越来越多的果蔬制品觅得了良好的加工保鲜方式，例如果蔬热烫、茶叶杀青、果蔬汁的微波真空浓缩等都可以运用微波技术。蒸发浓缩是果汁等加工生产中的重要单元操作，然而果汁是热敏性物料，为了保存产品风味和减少维生素C等损失，必须在较低温度下快速蒸发浓缩。微波真空浓缩完全可以实现常温下快速浓缩，可保持果汁原有的色香味和营养成分，这对果汁、酶制剂等的浓缩生产具有非常重要的意义。

一、微波加热法提取柚果皮果胶

1. 应用说明

柚子（*Citrus maxima*），含有非常丰富的蛋白质、有机酸、维生素以及钙、磷、镁、钠等人体必需的元素。柚子外皮丰厚，富含果胶，具有较高的食用和药用价值。从柚皮中提取果胶作为高附加值产品，可提高原材料的利用率，减少环境污染，有重要的实际意义。

利用微波辅助加热提取柚果皮果胶，与传统的酸法提取相比，具有时间短，溶剂用量少，产品得率较高，不破坏原果胶长链结构等特点。

2. 材料与设备

柚子；打浆机，恒温水浴锅，箱式微波炉，高速冷冻离心机，酸度计等。

3. 工艺流程

柚果皮（预处理）→乙醇回流脱色脱脂灭酶→酸萃取→微波加热→
过滤→收集提取液→盐析→离心→酸溶→醇析→干燥
　↓　　　　↑　　　　　　　　　　　　　　　　↓
残渣　→　二次提取　　　　　　　　　　果胶成品

4. 操作要点

（1）原料的选择与处理　柚果皮可分为两层，黄色外皮中含有大量的色素、柚香精油和小分子糖类，而果胶含量很少，果胶主要存在于白色的内皮中。但内外皮分离较困难，不适于工业化生产。选取新鲜的柚果皮，切成小块后，用打浆机绞成 1～3 mm 的颗粒，用清水洗涤数次，备用。

（2）脱色脱脂灭酶　柚果皮中含有色素、脂质、果胶酶等，果胶酶对果胶有一定的分解作用。利用 95％的乙醇对原料回流处理 0.5h。

取灭酶以后的柚果皮，加入一定的蒸馏水，调节 pH 值到 2.0 然后进行微波加热。

（3）微波加热　料液比 1∶8（质量体积比），微波功率 800W，时间 6min。然后用绢布趁热过滤，滤渣二次提取，合并滤液，得到半透明状果胶粗提液。

（4）盐析　取上述过程中所得到的果胶粗提液，边搅拌边加稀氨水，调节 pH 值为 3.7～3.8 后，搅拌 0.5h，慢慢加入饱和硫酸铝溶液，并调 pH 值为 7.0，间歇搅动后静置 1h，过滤可得粗固体颗粒状果胶盐。经水洗后，在搅拌下加稀盐酸，控制 pH 值为 2.7～2.8，转溶 0.5h 后，用无水乙醇沉降，得无色凝胶，经干燥即得果胶成品。

二、茶叶的微波加热技术

1. 应用说明

微波杀青是利用微波加热技术达到鲜叶杀青的目的。微波具有穿透力强、物料内外同时受热等特点，在加热过程中通过引起茶叶内部分子高速震荡碰撞而产生热量，杀青叶升温快，预热时间短，受热均匀，能迅速提高杀青叶的温度，克服了热传导杀青难以快速钝化酶活性的缺点，从而可达到良好的杀青效果。

2. 材料与设备

鲜茶叶；DXC-WS-15 茶叶微波杀青烘干设备，6CR-40 型揉捻机，6CLZ-60 型往复式振动理条机，6CFSL 型翻板式烘干机，6CHT-18 型烘焙提香机等。

3. 工艺流程

鲜叶→摊放→杀青→摊凉→揉捻→毛火→摊放→足火。

4. 操作要点

（1）摊放　采摘清明前 1 芽 1 叶至 1 芽 2 叶初展标准鲜叶，于室温下摊放在干净的容器中晾 6～8h，摊放厚度 7～10cm 左右，每隔数小时翻动一次，鲜叶摊放含水量达到 68％～70％、叶质变软、发出清香时，即可进入杀青阶段。

（2）微波杀青　设置输出功率 700W，加热时间 120s，进行杀青。

（3）揉捻　杀青叶稍经摊晾，用微型揉捻机揉捻，按轻、重、轻的加压方式，揉捻 10min。

（4）干燥　分两次在干燥箱中烘干。毛火：温度102℃，烘干时间为60min左右，茶叶的含水率达20%左右；足火：温度为80℃，时间90～120min，茶叶含水率6%左右。

5. 特别说明

鲜叶外形尺寸大小对加工效果具有重要影响。茶叶微波杀青、烘干技术要求鲜叶的外形尺寸大小均匀一致，因为体积小的鲜叶比体积大的鲜叶容易被加热。如果鲜叶大小不一致，就会出现小体积的鲜叶已加热过度，烧焦变黄，而大体积的鲜叶仍可能未热透的现象，严重影响茶叶内、外在品质。

杀青时要求高温快速，一般晴天嫩叶7～8min，老叶5～6min，雨、露水叶10min左右。杀青应掌握"透闷结合，多透少闷"的原则，一般晴天嫩叶先闷1～2min，后透炒到适度；老叶先闷杀3min左右，再透炒到适度；雨、露水叶，先透炒，后闷杀，再透炒到适度。杀青到鲜叶变为暗绿色且失去光泽，叶质柔软，用手紧捏成团松手不易散开，略有黏性，并显露清香为适宜程度，此时应立即起锅。

参考文献

[1] 朱志鑫，苏可盈，黄国龙，等．微胶囊技术在食品添加剂领域的应用［J］．食品工业，2023，44（05）：266-271．

[2] 遇艳萍，罗华丽，刘鹏莉，等．真空冷冻干燥苹果复合果蔬块的工艺研究［J］．中国果菜，2023，43（04）：7-12．

[3] 张宗锐，刘运怡，陈小芹，等．真空冷冻干燥技术在果蔬加工中的应用［J］．食品安全导刊，2022（24）：180-183．

[4] 高红芳，谢兰心，樊晓博．超高压技术对果蔬汁微生物和品质影响的研究进展［J］．保鲜与加工，2022，22（04）：99-107．

[5] 张洋洋，刘聪，王嘉一．鲜切果蔬物理杀菌技术研究进展［J］．中国果菜，2022，42（02）：35-40．

[6] 张兰，徐永建．植物精油微胶囊制备及其在果蔬保鲜包装中的应用［J］．食品与发酵工业，2021，47（03）：274-280．

[7] 王志伟，景秋菊，苏云珊，等．微波技术在果蔬加工中的应用研究进展［J］．现代农业研究，2020，49（01）：132-133．

[8] 迟晓君，岳凤丽，温凯，等．果蔬超微粉双层软糖的研制［J］．食品工业，2018，39（08）：124-127．

[9] 张晓娟，钱平，余坚勇．新含气调理杀菌技术对军用软罐头品质的影响［C］//中国食品科学技术学会．科技与产业对接——CIFST-中国食品科学技术学会第十届年会暨第七届中美食品业高层论坛论文摘要集，2013：112-113．

[10] 杨方威，冯叙桥，曹雪慧，等．膜分离技术在食品工业中的应用及研究进展［J］．食品科学，2014，35（11）：330-338．

[11] 刘志勇，吴茂玉．低温气流膨化干燥技术在果蔬脆片生产中的应用［J］．农产品加工，2013（09）：30-31．

[12] 曹龙奎，张永明．胡萝卜超微粉制备技术的研究［J］．农产品加工学刊，2005（4）：12-14．

[13] 常学东，朱京涛，高海生，等．微波膨化板栗脆片的工艺研究［J］．食品与发酵工业，2006，32（9）：78-81．

[14] 常彦．超高压技术对草莓汁杀菌、纯酶及品质影响的研究［D］．晋中：山西农业大学，2013．

[15] 陈守江，朱大伟．糖制与涂胶对微波膨化冬瓜块品质的影响［J］．食品工业科技，2005，26（5）：65-66．

[16] 陈仪男，郭树松，郭建辉，等．荔枝真空冷冻干燥关键技术［J］．中国农学通报，2011，27（04）：356-360．

[17] 陈仪男．香蕉的真空冷冻干燥技术［J］．热带作物学报，2005，26（3）：68-73．

[18] 陈英海．岱岳区农产品加工业现状与发展对策研究［D］．晋中：山东农业大学，2014．

[19] 崔彩云，卢根昌，高东江，等．哈密瓜真空冷冻干燥工艺［J］．食品研究与开发，2009，30（11）：100-102.

[20] 崔勇．粮食微波干燥技术的研究浅探［J］．南方农机，2008（5）：36-38.

[21] 窦霞．甘肃党参超微粉的制备及其质量标准研究［D］．南京：南京中医药大学，2014.

[22] 费莉娟．低功率微波处理对草莓采后生理生化及品质的影响［D］．合肥：安徽农业大学，2016.

[23] 冯艳丽，于翔．超高压杀菌技术在乳品生产中的探索［J］．食品工业，2005（1）：30-31.

[24] 宫元娟．胡萝卜微粉碎工艺及其相关参数试验研究［D］．沈阳：沈阳农业大学，2008.

[25] 郭秉印．枣粉加工工艺关键参数研究［D］．洛阳：河南科技大学，2011.

[26] 郭晓晖，方国姗，唐会周，等．超高压处理对草莓浆香气成分的影响［J］．食品科学，2016，6：39-42.

[27] 郭妍婷，黄雪，陈曼，等．超微粉碎技术的应用研究进展［J］．广东化工，2016，43（16）：276-277.

[28] 消费中国食品设备网．果蔬深加工发展六大趋势［J］．中国果菜，2015（12）：20-21.

[29] 韩虎子，杨红．膜分离技术现状及其在食品行业的应用［J］．食品与发酵科技，2012，48（5）：23-26.

[30] 侯玎斐，任虹，彭乙雪，等．膜分离技术在食品精深加工中的应用［J］．食品科学，2012，33（13）：287-291.

[31] 黄明亮，孙颖，王雪莹．番茄红素的提取工艺及在食品中的应用［J］．中国调味品，2012，6（6）：106-110.

[32] 黄松连．草莓片的真空冷冻干燥工艺的研究［J］．广西轻工业，2007，6（103）：16，75.

[33] 贾冬英，谭敏，姚开．膨化马铃薯片的生产工艺研究．粮油食品科技，2000，8（6）：22-23.

[34] 康孟利，崔燕，俞静芬，等．超高压草莓汁贮藏品质特性［J］．食品研究与开发，2016，37（21）：192-195.

[35] 赖宣．超微粉碎技术在蜜饯果丹皮加工中的应用［J］．轻工科技，2016（3）：11-12，28.

[36] 雷小佳．现代膜分离技术的研究进展［J］．广东化工，2012，40（8）：31-32.

[37] 黎海涛．膜分离技术及其在农产品加工中的应用分析［J］．工艺技术，2016：133.

[38] 李春红，木泰华．甘薯挤压膨化工艺及产品特性的研究［J］．中国粮油学报，2005，20（6）：58-61.

[39] 李焕荣，胡瑞兰，贾静．蚕豆膨化休闲食品的研制［J］．食品科学，2006，27（11）：627-631.

[40] 李琦，李军霞．现代膜分离技术及其在大豆加工中的应用［J］．食品工业科技，2012

(5)：380-383.

[41] 李双，王成忠，唐晓璇．超高压技术在食品工业中的应用研究进展［J］．齐鲁工业大学学报（自然科学版），2015（4）：15-18.

[42] 励建荣，王泓．超高压技术在食品工业中的应用及前景［J］．现代食品科技，2006，22（1）：171-173，180.

[43] 励建荣，夏道宗．超高压技术在食品工业中的应用［J］．现代食品科技，2002，7：79-81.

[44] 辽宁省人民政府文件．辽宁省人民政府关于加快农产品加工业发展的实施意见［N］．辽宁省人民政府公报，2016.

[45] 林甄，刘海军，郑先哲，等．微波加工浆果技术进展［J］．东北农业大学学报，2013，44（2）：155-160.

[46] 刘焕云，李慧荔，顿博影．微波加热法提取柚果皮果胶的工艺［J］．农业工程学报，2008，24（8）：302-304.

[47] 刘娇．魔芋精粉加工技术［J］．农村实用技术与信息，2003（11）：46-49.

[48] 刘琳．我国农产品加工业的现状及发展趋势［J］．农业经济研究，2016：15.

[49] 刘明国，张海燕，冯伟．新常态下农产品加工业发展的新特点［J］．中国农业，2015（11）：205-209.

[50] 刘鹏飞，周家华，常虹．真空冷冻干燥板栗仁加工工艺研究［J］．食品科技，2011，36（10）：75-78.

[51] 刘树兴，陈金伟，田三德．复合马铃薯膨化条的配方与加工工艺．食品工业，2006，（3）：50-52.

[52] 刘晓东，张文文．微波加热技术对茶叶品质的影响［J］．广西农学报，2008，23（4）：49-50.

[53] 刘玉环．胡萝卜片的真空冷冻干燥加工工艺及研究［J］．食品科技，2006（3）：52-54.

[54] 娄锦培，刘志金．真空冷冻干燥哈密瓜实验研究［J］．制冷学报，2002（4）：189-191.

[55] 吕长鑫，何晓慧，冯叙桥．超高压灭菌技术在保障食品品质及安全性的应用现状与展望［J］．食品安全质量检测学报，2013，4（5）：1335-1341.

[56] 马明兰．膜分离技术在现代中药制药中的应用［J］．化工管理，2015：97.

[57] 马申嫣，范大明，王丽云，等．微波加热对马铃薯淀粉颗粒内部水状态及分布的影响［J］．现代食品科技，2015，31（5）：219-225.

[58] 马文睿．微波加热对马铃薯淀粉糊化过程中晶体及分子结构的影响［D］．无锡：江南大学，2013.

[59] 孟春生，熊敏，肖岚，等．紫皮大蒜脱臭及其复合调味品加工工艺的研究［J］．中国调味品，2013，38（8）：75-78.

[60] 孟宇竹，陈锦屏，卢大新．膨化技术及其在食品工业中的应用［J］．现代生物医学进展，2006，6（10）：132-134.

[61] 牟群英，李贤军．微波加热技术的应用与研究进展 [J]．物理学和高新技术，2004，33（6）：438-442.

[62] 潘永梅．菠萝汁及加工、发酵过程中风味变化的研究 [D]．北京：北京化工大学，2007.

[63] 乔冀良．试论当前农产品深加工存在的问题及对策建议 [J]．农产品质量安全，2016（26）：33，35.

[64] 权启爱，姚作为．微波加热技术在茶叶加工中的应用 [J]．中国茶叶，2006：10-11.

[65] 邵文尧，王贞强．膜分离技术在葡萄酒中的应用研究 [J]．中外葡萄与葡萄酒，2005（1）：16-18.

[66] 宋丽丽，范丙义，蒋士忠，等．蒲公英超微细粉体特性探讨 [J]．中国中药杂志，2002，27（1）：12-15.

[67] 宋玲霞．干燥方式对枣粉品质的影响研究 [D]．泰安：山东农业大学，2015.

[68] 孙君社，王民敬，裴海生，等．现代农产品加工产业升级模式构建及评价 [J]．农业工程学报，2016，32（21）：13-19.

[69] 孙秋燕，王成忠．辣椒粉微波杀菌工艺的研究 [J]．中国调味品，2012，37（5）：77-84.

[70] 王白鸥，崔春红．真空冷冻干燥技术在果蔬加工中的应用 [J]．中国果菜，2009（3）：52-53.

[71] 王朝川，李新胜，马超，等．金针菇超微粉体物理特性及其制备工艺优化研究 [J]．食品工业，2016，37（6）：19-22.

[72] 王洪伟，钟耕，张盛林．我国魔芋粉加工技术和设备的研究与应用 [J]．食品工业科技，2009，30（5）：337-340.

[73] 王健．超高压技术在核桃花保鲜中的应用研究 [D]．济南：齐鲁工业大学，2013.

[74] 王丽艳，郭树国，李成华．响应面法优化荔枝真空冷冻干燥工艺参数 [J]．农机化研究，2012（11）：163-166，167

[75] 王凌云．超高压对猕猴桃果肉饮料杀菌效果及品质影响 [D]．西安：陕西科技大学，2016.

[76] 王萍，陈芹芹，毕金峰，等．超微粉碎对菠萝蜜超微全粉品质的影响 [J]．食品工业科技，2015，36（1）：144-148.

[77] 王琴，白卫东，刘小芸，等．微波膨化银杏脆片的工艺研究 [J]．食品科技，2002，23（6）：50-51.

[78] 王荣梅，张培正，李坤，等．低温气流膨化酥脆胡萝卜的研制 [J]．现代食品科技，2006，22（1）：45-47，50.

[79] 王绍林．微波加热技术在食品加工中应用（续）[J]．食品科学，2000，21（3）：10-12.

[80] 王绍林．微波加热技术在食品加工中应用 [J]．食品科学，2000，21（2）：6-9.

[81] 王岩．甘薯膨化无核枣加工新技术 [J]．农业知识，2005（1）：32.

[82] 魏善元，杨仁德．金针菇油炸膨化食品生产工艺 [J]．保鲜与加工，2004（2）：

37-39.

[83] 吴晓梅，孙志栋，陈惠云．食品超高压技术的发展及应用前景［J］．中国农村小康科技，2006（1）：50-52.

[84] 吴新颖，李钰金，郭玉华．真空冷冻干燥技术在食品工业中的应用［J］．肉类研究，2010（1）：75-78.

[85] 武治昌，刘玉环，冯九海，等．膜分离与真空冷冻干燥技术生产速溶苦瓜茶的工艺研究［J］．食品科技，2007（1）：67-69.

[86] 夏亚男，侯丽娟，齐晓茹，等．食品干燥技术与设备研究进展［J］．食品研究与开发，2016，37（4）：204-208.

[87] 熊建文．超高压技术在食品保鲜上的研究进展［J］．食品工业，2012，33（9）：140-143.

[88] 许世闯，徐宝才，奚秀秀，等．超高压技术及其在食品中的应用进展［J］．河南工业大学学报（自然科学版），2016，37（5）：111-117.

[89] 阳辛凤．微波膨化加工木菠萝脆片工艺［J］．热带作物学报，2005，26（2）：19-23.

[90] 杨方威，冯叙桥，曹雪慧，等．膜分离技术在食品工业中的应用及研究进展［J］．食品科学，2014，35（11）：330-338.

[91] 杨万荣，吕建国．膜分离技术在番茄加工中的应用研究［J］．西北民族大学学报，2006，27（1）：59-63.

[92] 杨文晶，宋莎莎，董福，等．5种高新技术在果蔬加工中的应用与研究现状及发展前景［J］．食品与发酵工业，2016，42（4）：252-259.

[93] 杨晓苗．超高压（UHP）技术在苹果汁生产中的应用研究［D］．天津：天津科技大学，2013.

[94] 杨晓萍，郭大勇，黄友谊．微波加热技术在茶叶加工中的应用［J］．茶叶机械杂志，2002（3）：4-6.

[95] 姚佳．超高压下莴笋质构的变化及机制研究［D］．北京：中国农业大学，2014.

[96] 姚秋萍．油菜花粉超微粉有效成分溶出、代谢特征及指纹图谱研究［D］．福州：福建农林大学，2009.

[97] 袁芬奇，王屋梁，许争明，等．紫薯提取液超滤膜分离特性研究：过滤方式的影响［J］．农产品加工，2016（7）：17-20.

[98] 岳志新，马东祝，赵丽娜，等．膜分离技术的应用及发展趋势［J］．云南地理环境研究，2006，18（5）：52-57.

[99] 翟文俊，安娜，张昕，等．柿子真空冷冻干燥保鲜工艺条件的研究［J］．陕西教育学院学报，2006，22（3）：94-96，121.

[100] 翟文俊．冻干柿子超微粉的加工工艺［J］．食品科技，2006（9）：74-76.

[101] 张彩菊，张憋．茶树菇超微粉体性质［J］．无锡轻工大学学报，2004，23（3）：92-94.

[102] 张会坡，张子德，陈志周．板栗真空冷冻干燥工艺研究［J］．食品与机械，2005，21（2）：27-31.

[103] 张会坡. 板栗真空冷冻干燥工艺研究 [D]. 保定：河北农业大学，2005.

[104] 张晋民. 膨化苹果酥片生产工艺研究 [J]. 粮油加工与食品机械，2002, 5 (7)：54-55.

[105] 张璟，麻浩. 超高压技术在菜用大豆和番茄汁保鲜贮藏中的应用研究 [J]. 科技情报开发与经济，2017, 17 (31)：123-125.

[106] 张丽文，罗瑞明，李亚蕾，等. 食品真空冷冻联合干燥技术研究进展 [J]. 中国调味品，2017, 42 (3)：152-156.

[107] 张美霞，任晓霞. 超微粉碎过程对金银花中功能成分的影响 [J]. 食品科学，2016, 37 (8)：51-56.

[108] 张培正，石启龙. 膨化苹果脆片的研制和生产 [J]. 农牧产品开发，2000 (7)：24-25.

[109] 张雪，隋继学，李云芳. 超高压技术在低温食品中的应用 [J]. 食品安全质量检测学报，2013, 33 (1)：16-19.

[110] 张英，白杰，张海峰，等. 超高压技术在食品加工中的应用与研究进展 [J]. 保鲜与加工，2008 (5)：18-21.

[111] 郑湘如，王丽. 植物学 [M]. 北京：中国农业大学出版社，2007.

[112] 钟倩霞，李远志，吴绮华，等. 再造型马铃薯脆片微波膨化工艺研究 [J]. 食品科技，2005 (1)：23-26.

[113] 朱兰兰，张培正，李坤，等. 非油炸膨化香蕉脆片的工艺研究 [J]. 食品研究与开发，2005, 26 (2)：75-76.

[114] 朱兰兰，张培正，李坤，等. 气流膨化香蕉脆片的工艺初探 [J]. 食品与发酵工业，2005, 31 (1)：15-18.

[115] 朱丽莉，李娟. 微波膨化果蔬小食品的研究 [J]. 食品工业科技，2005, 26 (9)：129-131.

[116] 宗海霞. 我国农产品深加工的现状和建议 [J]. 农业与技术，2016 (9)：133, 137.